JN198202

ELAN入門

言語学・行動学からメディア研究まで

細馬宏通・菊地浩平 編

ひつじ書房

目次

PART 2　中級編

PART 3　応用編

付録

01 ELANをはじめよう

1 はじめに

映像や音声を見聞きしながら、そこに自分の考えを書き込みたい人、書き込んだ箇所の映像を何度も見直したい人、書き込んだ内容を一人で、あるいは誰かと分析したい人にとって、ELAN（いーらん）はとても強力なソフトウェアです。

ELANは、もともとは言語学者のためにマックス・プランク心理言語学研究所で開発されたもので、現在も無料で一般に公開されています。

https://tla.mpi.nl/tools/tla-tools/elan/

正式な名称は「EUDICO Linguistic Annotator」ですがユーザーにはELANの名で親しまれています。ELANが登場した歴史的背景については付録3「映像を用いたマルチモーダルな研究の歴史」をご覧下さい。

ELANは、Windows、Macintosh（Mac）、Linuxと、さまざまなOSで使うことが出来ることもあって、いまや言語学や会話分析、相互行為研究の分野ではなくてはならないツールとなっています。でも、ELANは、さらに広い分野、たとえば応用行動分析や情報学、ロボティクスなどの研究者にとっても、とても便利なソフトウェアです。いや、研究だけでなく、たとえば、インタビューおこしを手早く行いたいとき、映画や音楽について簡単なアイディアやメモをとりたいときなど、映像や音声を繰り返し扱う作業に携わる人にとって、とても便利なソフトウェアです。そこで、この本では、さまざまな目的で映像と音声を扱う人を想定して、ELANのごく基本的な操作から応用までをコンパクトにまとめました。

2 本書の内容について

この本は、ELANをさまざまな分野の方々に使っていただくための入門書です。どの章から読めばよいかは読者によって異なるでしょう。

初めてELANを使う方、ちょっと使っているけれど実はあまり詳しい手続きは知らない、という方はまず第2章「ELANの基本操作」をお読み下さい。この章だけでも、ELANがどんなソフトウェアかはざっとおわかりいただけると思います。

第1部「初級編」では、ELANユーザーが頻繁に使う操作を扱います。ELANは奥深いソフトウェアで、長年使っている人でも意外に便利な機能を見おとしているものです。今お使いの方も、ざっと通読されるとよいでしょう。ELANユーザーにとって意外に面倒なのが、ELANを使うまでの問題、すなわち映像、音声を収録してパソコンに取り込むまでの基本的手続きです。これらについては第4章「映像と音声収録の基礎知識」で説明します。

第2部「中級編」では、ELANでなんらかの研究を行いたい人向けに、行動研究の基本であるコーディング、行動の測定、時間サンプリングをELANで行う方法を扱います。これらの章を読むことで、ELANの使い方に通じるだけでなく、行動を記述し、量的分析や質的分析に取り組むまでの一般的な流れをつかむことができるでしょう。

第3部「応用編」では、さまざまな専門分野でのELANの使い方を解説しています。ある程度ELANに関する知識のある人は、これらのうち興味のある分野から読み始めて、必要に応じて初級、中級編を読むとよいでしょう。

でも、そもそもELANとは何なのか、そんなものを使って何ができるのか疑問に思っている方もおられるでしょう。そんな方は以下を読んでみて下さい。

3 ELANはどう役に立つのか

3.1. 映像や音声と本との違い

映像と音声について思いついたことを書く、という作業がいかに煩わしいかは、本にメモを書き込む場合と比較してみればわかります。

本にメモを書き込むという行為は、とてもシンプルです。気になる記述に出会ったら余白にメモを書き込む。赤線や矢印を引く。これらの作業で、メモと本の特定の箇所とが結びつきます。ページを閉じても心配はありません。メモはあとからでも簡単に読み返すことができます。本を取り出しぱらぱらとめくって目指すページにたどりつくと、そこには当然のように自分の書き込んだメモと本文とが並んでいます。

さて、このごく当たり前の作業が、動画を扱うとなると途端に難しくなります。あなたがパソコン上の動画を見て、紙のノートにメモをとるとしましょう。あなたは映像や音声に矢印を差し入れることも赤線を引くこともできません。メモと映像とを結びつけるためには、たとえば再生時刻をチェックして、何時間何分何秒の時点の映像であるかを、メモのそばに書き留めておく必要があります。ところがこのメモと映像は、通常はバラバラです。しばらくしてもう一度映像をチェックしたくなると、動画ファイルを探すだけでなく、それとは別にメモを書いた紙も探さねばならない。そして映像の箇所にたどりつくには再生時刻を見ながらボタンをいくつも操作しなくてはなりません。できれば同じ箇所をコマ送りにしたり何度も繰り返し見たりしたいのですが、これまた、再生ボタンを何度も押しては、狙った箇所にたどりつかなかったり行き過ぎたり、やたらと時間がかかります。

もし、こうした操作が、月に一度、いや、一時間に一度程度で済むなら、我慢もできます。しかし、映像を細かく分析するとなるとそうはいきません。映像のあちこちへと移動しながらメモと首引きで数時間も作業を続けていたらすっかりくたびれ果ててしまいます。

3.2. 映像や音声に注釈をつけ再生する

ありがたいことに、これらの面倒な作業は、ELANによってほぼ解消されました。ELANは映像や音声分析用に開発された実に多機能なソフトウェアですが、そのいちばんの魅力は、なんといっても、映像や音声に対して思いついたことを簡単に注釈（メモ）を書くことができ、しかも映像や音と注釈とが、まるで本に書いたメモのように結びついている、ということです。注釈を書くとき、いちいち再生時刻を書き込む必要はありません。ただ映像のある箇所からある箇所までをマウスでドラッグするだけです。書き込んだ注釈は何度も訪れることができ、しかも注釈を選んでボタンを押せば、該当する映像と音声が再生できます。コマごとの分析も、繰り返し再生も実に簡単です。

ELANでは複数の映像を扱うこともできます。たとえば、いくつかのアングルから同時に複数のカメラから撮影した映像を読み込めば、これらを結びつけて一つの画面で同時に再生ができます。

3.3. 音を見て注釈を書く

音声を扱う人にとっては、もうひとつ、朗報があります。それは、音声をきくだけでなく「見て」分析できる、ということです。ELANでは、音声ファイルが波形として表示されます。もしインタビュー録音なら、波形が静かになったところを見ただけで、ははん、ここは沈黙だなと目で確認できますし、音楽データなら、どこでリズムが出ているか、どこがクレッシェンドかといった変化を一目で確認できます。また、選択した波形の範囲を何度でも再生できます。巻き戻し、再生、一時停止など主立った操作はすべてショートカットによる簡単なボタン操作で行うことができます。文字起こしをしながら音声の頭出しを繰り返した経験を持つ人なら、これらの機能がどれだけ作業を楽にしてくれるか、想像できるでしょう。

3.4. 注釈を整理する

さらにELANが優れている点は、さまざまな注釈を映像の同じ箇所にいくらでも書き込むことができ、それらを整理できるという点です。

たとえば、ある映像の場面で「タロウがハナに気づいて『こんにちは』と言うと、ハナもまたタロウに目を向けて『こんにちは』とにっこり微笑んだ」としましょう。文章にすると一文ですが、なかなか複雑なやりとりです。もしわたしが分析のためにメモをとるとしたら、

1. タロウの視線はいつどのように変化したか
2. タロウはいつ「こんにちは」と言ったか
3. ハナの視線はいつどのように変化したか
4. ハナはいつ「こんにちは」と言ったか
5. ハナはいつ微笑んだか

をざっとチェックするでしょう。しかし、これらのできごとは少しずつ異なるタイミングで行われる一方、時間的にあちこち重なっています。タロウの視線がハナに向けられつつある途中で「こんにちは」が発せられると、ハナはその「こんにちは」の「にちは」あたりで視線をタロウに向けて「ちは」あたりで微笑み…。文章にするだけでも複雑ですが、これらの注釈がどんなタイミングで起こったかを、正確に記す必要があります。しかも五つの項目が混同しないよう、整理する必要もあります。

こうした問題にもELANはこたえてくれます。ELANには、注釈をいくつかの「(注釈) 層」に分けて書き込む機能があるのです。たとえば、

1タロウの視線
2タロウの発話
3ハナの視線
4ハナの発話
5ハナの表情変化

という五つの層に注釈を分けて書けば、分析結果は見通しよく整理できるし、今後似た場面を分析する場合も、同じ層を用いればよいわけです。これは分析にとってたいへんパワフルな機能です。たとえばタロウとハナとの会話をずっと追いかけたい場合には、2と4の層をずっと見ていけばいいのだし、ハナの表情変化が映像を通してどうなっていったかを見るには5の層を見ていけばいいわけです。しかも、それぞれの注釈を選んでボタンを押すだけで、狙った映像がすぐに再生されます。

こうして書き込んだ注釈をテキストファイルやCSVファイルなど、さまざまな形で出力できます。ですから、メモだけをまとめて文書として見直したり、発表文書に用いることもできます。

映像や音のある箇所に対していくつものメモをとる作業は他にもいろいろ考えられます。音楽好きの人なら、各パートが重なり合うようにアンサンブルを組んでいるとき、その過程を別々の層で分析したいと思うでしょうし、映画分析をしたい人なら、ショットの切り替わりやカメラ位置の変化、人物の移動など、重層的な映画のできごとを記述したいと思うでしょう。これら

の作業にもELANの「層」は威力を発揮します。

3.5. 変化に気づく、多人数で気づく

ELANを使い続けるにつれ、このソフトウェアが単に思いつきをまとめる以上のことをもたらしてくれることに気づきます。

わたしたちは映像を見ながら、細かい変化にいちいち注意を払うことが出来ません。そのため、ただ映像や音声を流しっぱなしにして見ているだけでは、そこでどんなコミュニケーションが起こっているか、そこにどんな演出が為されているかを、見逃してしまうことになります。ELANで注釈部分を何度も再生し、それを別の注釈と比較していると、これまで見逃していた視線変化や表情変化や動作とことばとの関係に、はっと気づかされることがしばしばあります。つまり、ELANは、映像や音声に埋め込まれている精妙なやりとりを発見するツールでもあるのです。

ELANで注釈をつけ、映像を見直す作業は、多人数で行うこともできます。私はゼミや研究会で、モニターを見ながら学生や研究者たちと注釈を入れ合い、その場で映像を再生したりコマ送りして、気づいたことを話し合うという作業をやっています。誰かが手をあげてもう一度見たいといえば、すぐにその箇所を呼び出して確認します。操作の手間が簡単なおかげで、ディスカッションに集中することができ、アイディアを実際の映像資料によって裏づけることができます。

このように、メモをとるという作業じたいが、発見やディスカッションの作業になっていくところが、ELANのおもしろいところです。

いかがでしょうか。もしここまで読まれて、「もしかしたらわたしのあの作業にも使えるかも…」と思った方は、まず第2章「ELANの基本操作」をお試し下さい。映像や音について簡単な注釈を書き込み、それを保存するまでの手続きをコンパクトにまとめてあります。

4 更新情報とダウンロード情報

本書で用いたのはELAN ver.5.2（2018年5月時点の最新版）です。多くのソフトウェアがそうであるように、ELANも次々とバージョンアップしていきます。そして映像を記録する方法も日進月歩です。この本を書いている時点では、ビデオカメラの記録媒体としては内蔵メモリとSDカードが主流で、撮影映像の質はハイビジョンが標準ですが、今後4Kに移行する動きもでています。でも2000年代は、まだビデオテープが記録媒体の主流でしたし、ハイビジョンは特別なものでした。仮にこの本で最新の映像事情に対応する方法を詳しく書いたとしても、その内容は数年、いやもしかしたら一年のうちに古びてしまうかもしれません。

そこで、本書では、短期間のうちに変化しそうな内容については必要最低限の手続きを記すにとどめ、さまざまなカメラ機種やパソコンに対する個別の扱いについては、webサイトで（できる範囲で）最近の事情を示すことにしました。また、このwebサイトでは、本書で頻繁に使用する具体的な事例の映像・音声データ（sample.mov、A.wav、B.wav、C.wav）もダウンロードできます。本書と合わせてご活用下さい。

http://12kai.com/elan/elan_book/

では、さっそくELANを使ってみましょう。

PART 1

初級編

ELANを使い始めるには、最初にいくつか覚えておくとよい用語や機能があります。第1部では、ELANユーザーがよく使う機能を一通り紹介します。ここに挙げた機能だけで、映像や音声のあちこちを探り、アイディアを得るには十分です。

02 ELANの基本操作
とにかく使ってみよう

この章では、ELANを使うための作業環境整備、そして必須の基本操作を覚えていきましょう。

まずELANのダウンロードとインストール、映像・音声ファイルをELAN上で再生するための環境整備を行います。そして映像と音声のファイルが準備された状態から始めて、そこにさまざまな注釈をつけ、好きな部分を再生し、保存するところまでが、この章の内容です。この章を読み終われば、映像と音声を好きなところから再生し、メモをとり、とったメモ部分を再生し、その結果を保存することができます。これらの基本操作はELANの機能のごく一部ですが、これだけでも映像や音声の見方は劇的に変わるでしょう。

1 ELANをインストールし、作業環境を整える

まずは作業環境を整えるために、ELANを作業に使うPCにインストールしましょう。ここではWindows版とMac版のインストールについて解説します。

1.1. ELANのダウンロードとインストール

ELANは以下のURLで配布されています。

https://tla.mpi.nl/tools/tla-tools/elan/download/

上からWindows版、Mac版の順に並んでいますので、ご自分の環境に合ったものをダウンロードしてください。基本的には下図の枠で囲った部分をクリックしてダウンロードできるものを使えば問題ありません。注

意が必要になる点については、それぞれのインストール方法の節で説明します。

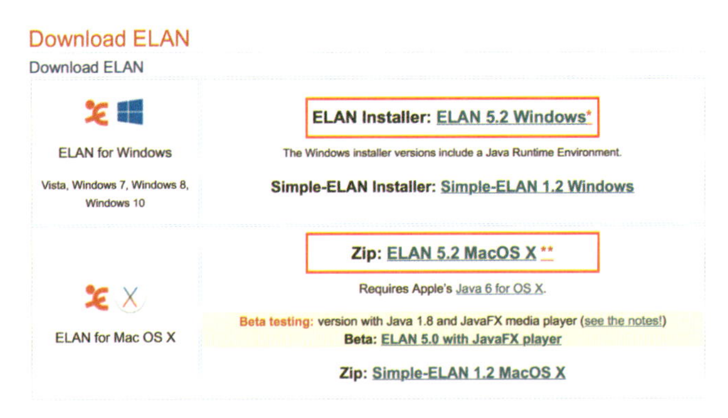

[図1]
Windows、Mac版のELANのダウンロード画面

【Windows版をインストールする】

Windows版ではダウンロードしたファイルをダブルクリックするとダイアログボックスが現れ、インストールが開始されます。Windows版はELANの動作に必要となる、JRE (Java Runtime Environment、Java実行環境) と呼ばれる必須ファイル群がパッケージに含まれていますので、これだけで作業環境がほぼ整います。インストーラの指示に従って導入を進めてください。

【Mac版をインストールする】

Mac版ではダウンロードした圧縮ファイル(zip形式)を解凍すると、ELAN_X.X.app (Xは数字) という名前のファイルが現れます。このファイルをダブルクリックしてELANが起動すればインストールは成功です。もし起動できない場合はダウンロードに失敗しているか、起動に必要なファイルがない可能性があります。後者の場合は以下のJREのインストールを試してください。

Mac版の5.5以前のバージョンでは、ELANの起動にJREのインストールが必要になります。JREをダウンロードするにはMac版のダウンロードリンクのすぐ下にある「Requires Apple's Java 6 for OS X」をクリックしてダウンロードページに移動し、必要ファイルを入手後ダブルクリックしてインストールを進めてください（5.6以後のバージョンでは不要です）。詳細についてはダウンロードページの説明をご確認下さい。JREのインストール完了後にPCを再起動してELAN_X.X.appを再度ダブルクリックし、ELANが起動すればインストールは成功です。これでMac版での作業環境もほぼ整います。

1.2. 映像・音声再生の環境を整える

Windows版、Mac版ともにインストールが無事に終わったら、映像・音声生成の環境もついでに整えてしまいましょう。近年のWindowsやMacはほとんど何も気にせず映像・音声を再生できるようになっていますが、一部の映像・音声の再生にはコーデック（Coder/Decoder、Codec）と呼ばれるソフトウェアが必要になる場合があります。適切なコーデックが導入されていないとELANで映像ファイルを読み込んでも画面上に表示されないなどの問題が起こります。これに対応するには複数のコーデックをまとめたパッケージを導入してしまうのが最も簡単な方法です。以下ではWindows版、Mac版それぞれの、おすすめのソフトウェアを一つずつご紹介します。

【Windows版】

様々なソフトウェアが提供されていますが、ここではSTANDARD Codecs for Windows 10/8.1/7というソフトウェアを導入してみます。ソフトウェア本体は以下のURLから入手して下さい。

http://shark007.net/standard.html

ダウンロードしたファイルをダブルクリックし、インストーラの指示に従ってダイアログボックスを操作していけば導入は完了です。これでWindows環境でELANを使った作業を始める準備が整います。

【Mac版】

Perian 2.0はMac版のQuickTime Playerで様々な映像・音声ファイルを再

生することを可能にするソフトウェアで、以下のURLから入手できます。

https://github.com/MaddTheSane/perian/releases

ダウンロードしたzipファイルをダブルクリックするとファインダーが開き、中にPerian.prefPaneというファイルが入っています。このPerian.prefPaneファイルをダブルクリックすると、Perianのインストールが始まります。システム環境設定のウィンドウが開きますので、指示に従って導入を進めてください。これでMac環境でELANを使った作業を始める準備が整います。

上記の手順でELANおよび映像・音声ファイルを再生するための準備が整いました。次節に進み、具体的な基本操作を学んで行きましょう。

2 メディア・ファイルを準備する

ELANでは、カメラやレコーダーで記録した内容を、パソコン上の映像ファイル（mov、mp4、wmvなど）と音声ファイル（wavなど）に変換してから作業を始めます。これらの変換の方法は、機種によってずいぶんと違うので、第4章およびwebサイトで詳しく解説します。ここでは話を簡単にするため、本書のWebサイトから（第1章参照）サンプル・ファイルをダウンロードして、パソコン上にファイルを用意したところから始めましょう。

まずは、お手元のパソコンにsample.mov、A.wav、B.wav、C.wavの四つをご用意下さい。これら映像ファイルや音声ファイルのことを、以後、メディア・ファイルと呼びます。

では、さっそく始めましょう。

3 新規ファイルの作り方

ELANを立ち上げると、最初は上部のメニュー・バー以外何も表示されません。まず

［ファイル］→［新規作成］

を選んで下さい。新規作成ボックス（図2）が表示されます。

ELANでは、複数のメディア・ファイルを読み込んで、たとえば多方向から同時に撮影した映像と音声を一度に再生することもできます。逆に、単一の映像ファイルのみ、あるいは映像のない音声ファイルのみを扱うこともできます。

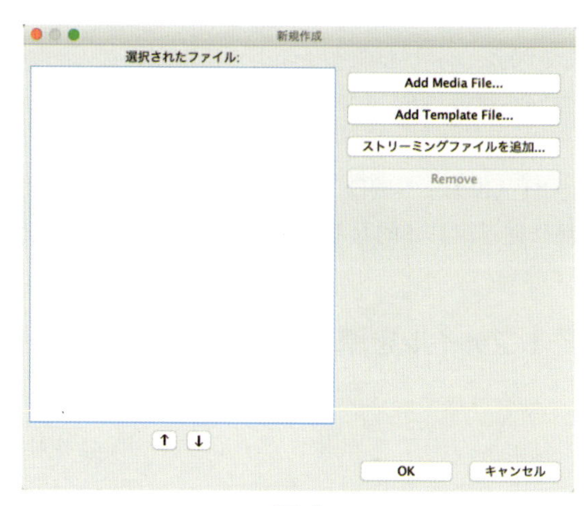

［図2］
新規作成ボックス

メディア・ファイルを読み込むときには、**[Add Media File...]** ボタンを押します。すると、パソコン上のファイル一覧が表示されるので、ダウンロードした映像ファイルを探して開いて下さい。**[選択されたファイル:]** ボックスに選んだファイルが表示されます。同じやり方で、メディア・ファイルをひとつひとつ追加して下さい（メディア・ファイルをあとで変更することもできます[1]）。ここでは、sample.mov、A.wav、B.wav、C.wavの四つのファイルを選びましょう。

4 メイン画面の主な部品

無事選び終わって「OK」を押すと、いよいよELANのメイン画面が表示されます。ずいぶんいろんなものが配置されています。大まかな呼び名を整理しておきましょう(図3)。

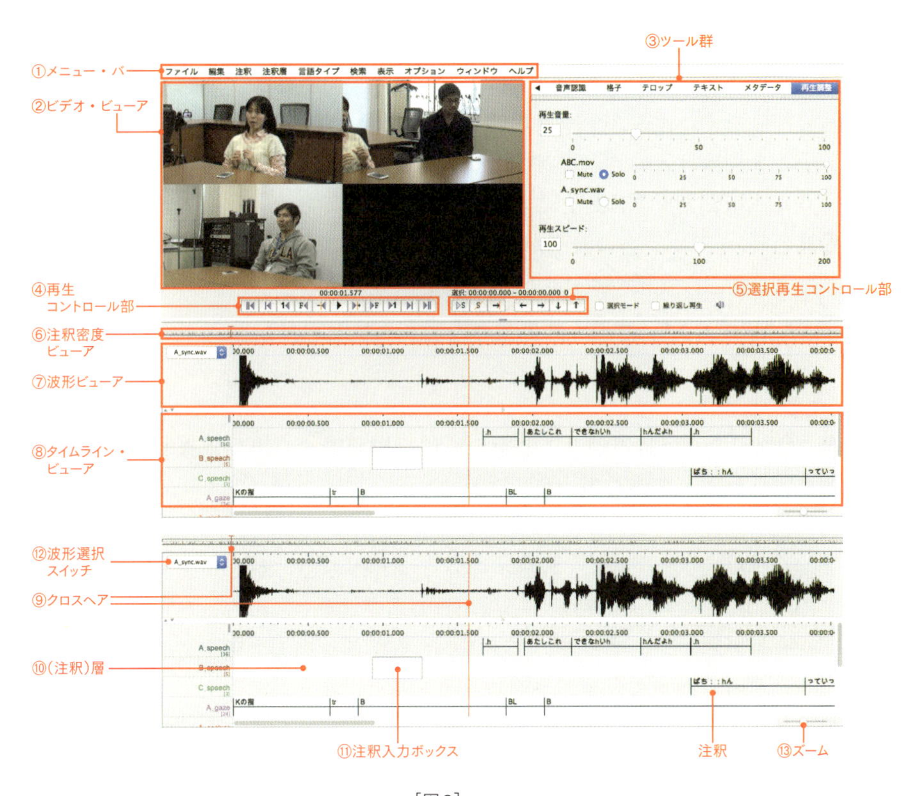

[図3]
メイン画面の各部の呼称

【メイン画面(注釈モード画面)の主要部分】

❶**メニュー・バー**：一番上に表示されるメニューです。プルダウンでさまざまなメニューが開きます。

❷ビデオ・ビューア：映像が表示される部分です。

❸ツール群：再生の調整や注釈内容をまとめて表示するツールなど、さまざまなツールを切り替えて表示する場所です。

❹再生コントロール部：映像や音声の再生ボタンの集まりです。いずれもショートカット・キーで代用することができます。

❺選択再生コントロール部：選択部分を再生したり、注釈から注釈へ移動するボタンの集まりです。

❻注釈密度ビューア：再生コントロール部のすぐ下に表示される、細い横長の部分です。左端がデータの始まり、右端がデータの終わりを示します。小さな縦線は入力された注釈の位置を示しており、データ全体のどのあたりに注釈がたくさんほどこされているかがわかります。

❼波形ビューア：音声の波形が表示されます。右クリックすると表示を調整したり、Praatと連動（第11章参照）することができます。

❽タイムライン・ビューア：注釈を入力するメイン画面です。

【主要な部品】

❾クロスヘア：現時点がどこかを示す赤い縦線です。再生ボタンを押すと、このクロスヘアから先が再生されます。

❿（注釈）層：タイムライン・ビューア内に並ぶ横長の部分で英語ではティアーtierと呼ばれています。あとからいくつも作ることができますが、最初は「default」という名の層が一つ表示されるだけです。default層は最初に置かれた仮の層ですので、そのまま用いても名前を変えて用いてもかまいませんし、層を増やしたあとで削除してもかまいません。

⓫注釈入力ボックス：層をダブルクリックすると現れます。注釈を入力する場所です。

⓬波形選択スイッチ：複数の音源をリンクしたとき、特定の音源の波形にスイッチします。ツール群で選んだ実際に再生される音源とは別なので注意が必要です。

⓭ズーム：波形や注釈の時間軸を伸縮させます。

5 ビデオと波形の大きさを調整する

ビデオや波形をもっと大きく（小さく）表示したい場合は、画面の大きさを変更することができます。注釈密度ビューアのすぐ上の仕切り付近にカーソルを合わせると、カーソルが上下矢印の形に変わります（図4）。このタイミングで上下にドラッグすると、映像の大きさが変わります。また、波形ビューアとタイムライン・ビューアの境目あたりにカーソルを合わせると、やはりカーソルが上下矢印の形に変わります。このタイミングで上下にドラッグすると、波形の大きさが変わります。

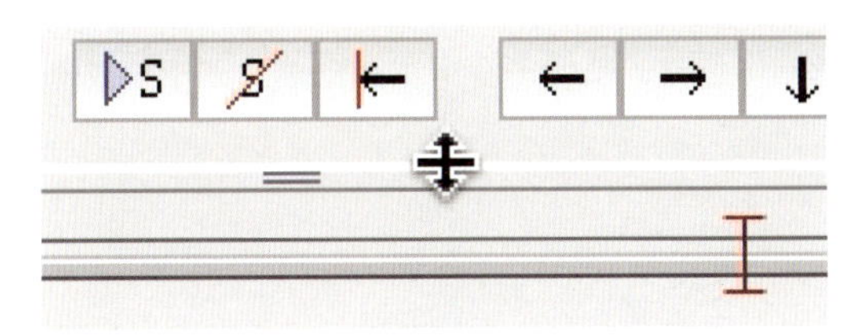

［図4］
注釈密度ビューアのすぐ上にカーソルを合わせると上下矢印の形になる。

6 見たい位置に移動する

まず、見たい位置に移動します。長時間のデータだと、タイムライン・ビューアにはデータの一部しか表示されていないはずです。そこで注釈密度ビューアにご注目を。この細長いビューアはデータ全体を表しており、左端がデータの始まり、右端がデータの終わりです（図5）。すでに注釈が入力されている場合は、細かい縦線が入っており、おおよそ注釈がどのあたりに分布しているかがわかります。

［図5］
注釈密度ビューア

注釈密度ビューアの上をクリックすると、タイムライン・ビューアがその部分を拡大表示してくれます。何秒から何秒までが表示されているかは、タイムライン・ビューア上部の時刻目盛りを見て下さい。右下のズーム・バーで時刻目盛りを拡大縮小することができます。ちなみにタイムライン・ビューアを横にスクロールすると、前後の時間に移動することもできます。

トラックパッドを使う場合には、ズームやスクロール動作でタイムライン・ビューアを操作することができるので試してみて下さい。

7 注釈の入力と再生

7.1. 注釈を層に入力する

ELANでの基本作業は、映像や音声に注釈（メモ）をつけることです。さっそくやってみましょう。

【注釈の入力】

❶まず、波形ビューアかタイムライン・ビューアの上を適当にドラッグして下さい。ドラッグした部分が水色の選択範囲になります。

❷選択範囲と層（使い始めは「default」という名前の層が一つあるだけです）の交わった部分（図3下）をダブルクリックして下さい。白い注釈入力ボックスが現れます。ここに、適当な注釈を入れます。

❸入れ終わったら「Shift+Enter（リターン）キー」を押します。注釈が確定して青の線で表示されます。これで注釈が一つできあがりました。

注釈は何度でも編集できます。青の注釈をダブルクリックして下さい。再び注釈入力ボックスが開きます。

人によっては、注釈を確定するためにいちいちShiftキーを押すのが面倒かもしれません。そんな場合は、メニュー・バーから**［編集］→［環境設定］→［環境設定の編集］**を選び、左側のメニューから「編集中」を選んで下さい。「エンターキーで編集ボックス内の変更が実行されます」にチェックを入れると、以後、Enterキーを押しただけで入力が確定します。

7.2. ビデオ、音声波形を見ながら入力

今度はビデオと音声の波形とを確認しながら注釈を入れてみましょう（図6）。たとえばサンプル・ムービーの1.5秒付近を見てみます。ビデオを見ながら波形ビューアかタイムライン・ビューア上を左右にドラッグしてみて下さい。ドラッグするにつれてビデオ映像が動いていくのがわかります。実はこの操作だけで、ビデオ映像の好きな部分をスローやコマ送りで探っていくことができるのです。

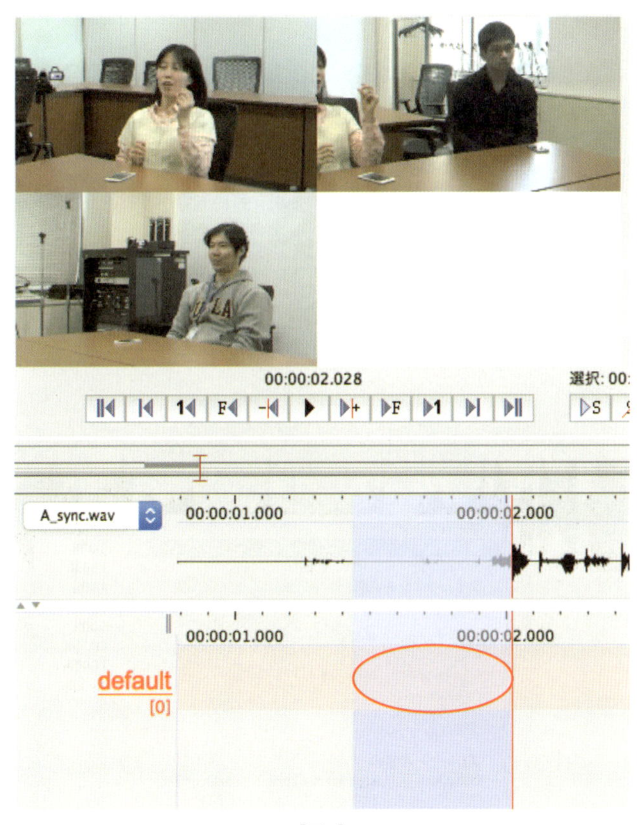

［図6］
タイムライン・ビューアの上をドラッグして注釈範囲を決定したところ。この状態で水色部分とdefault層の交わる部分（赤丸）をダブルクリックすると注釈入力ボックスが現れる。

たとえば、サンプルムービー左上のAさんの腕の上げ下げがどこで起こっているかを、タイムライン・ビューア上をドラッグして探りましょう。どうやら1.44秒で腕の振り上げが始まって、2.02秒で上がりきっているようです。では、いったんドラッグをやめて、改めて1.44秒から2.02秒までドラッグし直して下さい。これで、腕の振り上げ部分が水色の選択範囲となりました(図6)。選択範囲が小さすぎてドラッグしにくい、というときは、右下のズーム・バーで表示を拡大縮小することができます。

先ほどと同じように、選択範囲とdefault層の交わったところをダブルクリックすると注釈入力ボックスが開きます。ここに「腕の振り上げ」と入力、確定します。

次に音声波形を見ながらやってみましょう。波形ビューアで11秒から12秒付近を見ると、ちょうどひとかたまりの波形が立ち上がって静まるのが見られます。音を再生すると、Aさんが「あすご：い」と言っており、Cさんも同時に「すごい」と言っています(ちなみに会話分析の分野では長音を「ー」ではなく「：」で表します)。ひとまずAさんの方を入力してみましょう。10.97秒から12.05秒までをドラッグして選択範囲とします。波形ビューア上で右クリック(MacではCtrl+クリック)してみて下さい。**[縦ズーム]** → **[500%]** を選ぶと、

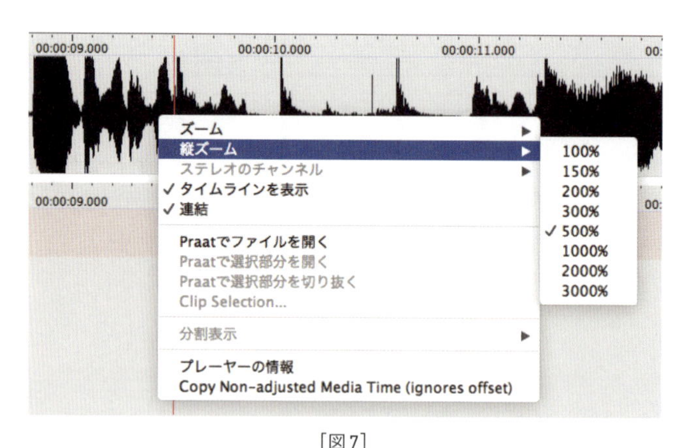

[図7]
波形ビューアを右クリックしたところ。
波形の表示や処理に関するさまざまなメニューが開く。

波形の垂直幅がぐっと拡がって、変化がみやすくなります（図7）。default層と選択範囲が交わったところでダブルクリックして発話内容「あすご：い」を入力、確定します。

7.3. 注釈を再生する

一度入力した注釈部分は、クリックすれば何度でも選択でき、再生できます。試しにさきほど入力し終えた注釈「腕の振り上げ」をクリックしてみて下さい。注釈の色が黒から青に変わります。ELANでは、青色の注釈が、現在選択中の注釈です。ここで、選択再生ボタン「▷S」（図8）を押すと、「腕の振り上げ」部分が再生され、実際に腕を振り上げるところを映像で確認できます。

［図8］
通常の再生ボタンと選択再生ボタン

ところで、ELANでは、一般的なソフトウェアのようにスペース・キーを押しただけでは、メディアは再生できません。

メディアを再生をするには二つのやり方があります。すなわち赤いクロスヘア以降を再生する通常再生と、選択された部分だけを再生する選択再生です。前者では再生ボタンを、後者では選択再生ボタンを押します。いずれの場合も、再生途中で押せば一時停止できます。これらのボタンは非常によく使うので、以下の二つのショートカット・キーをぜひ覚えて下さい。通常再生はCtrlキー＋スペース・キー[2]、選択再生はShiftキー＋スペース・キー。この二つを覚えるだけで、いちいち選択再生コントロール部へマウスを移動させる手間が省け、ELANの操作性は劇的に上がります。

いくつも注釈があるとき、注釈から隣の注釈へとぽんぽん移動できると便利です。隣り合う注釈に飛ぶには、選択再生コントロール部の矢印ボタンを押します。ちなみに注釈間を移動するショートカット・キーはOptionキー（WindowsではAltキー）＋矢印キーです。これもよく使うので、覚えておくとよいでしょう。

再生コントロール部には他にもさまざまなボタンとショートカットが用意されています。詳しくは付録1「キーボード・ショートカット」を見て下さい。

7.4. 再生速度、再生音源を調整する

ツール群の再生調整ツールを使うと、音量の調整、個々のメディア・ファイルの音量調整、再生スピードの調整ができます（図9）。

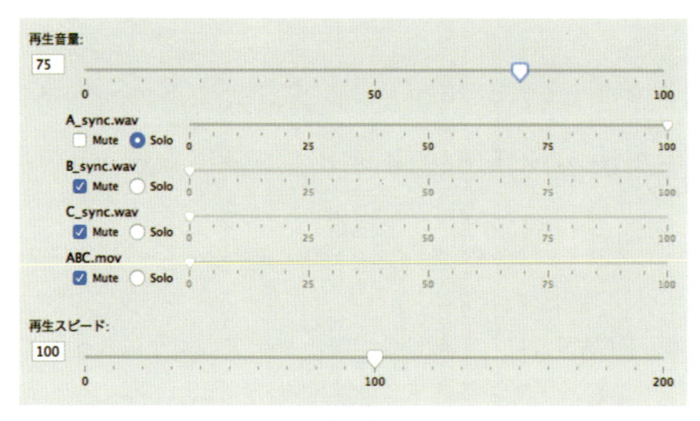

［図9］
再生調整ツール。この図の場合、一つの映像ファイルの音声(ABC.mov)と三つの音声ファイル(A_sync、B_sync、C_sync)とがリンクされており、そのうちAだけが聞こえるよう設定されている。

ELANのver. 4.8からは、再生調整ツールでメディア・ファイルの音量を個々に調整できるようになりました。Muteにチェックを入れるとその音源の音量は0になり、Soloにチェックを入れるとその音源だけがきこえます。ただし、Soloにチェックを入れても音量が0になっているときこえないので注意しましょう。

複数の映像や音源を利用するとき、たとえ同時に撮影されたものでもそれぞれに含まれている音声は少しずつ違う場合があります。たとえば、2台の

カメラで撮影した場合、カメラ1の近くに座っていた参加者の声は、カメラ1の音源でより大きくきこえるはずです。こんな場合は、カメラ1の音源をSoloできけば、その参加者の声をよりクリアにきくことができます。

8 層を追加する

簡単なメモをとるだけなら、defaultの層一つで間に合います。しかし、複数の参加者の発話を扱う場合や、発話や動作、視線などを扱う場合、一つの層だけを使って入力していくと、質の異なる注釈が混在したり、注釈がオーバーラップしたりして困ることになります。そこでELANでは、複数の層を作って、注釈を分けるのが一般的です。

では、層を追加してみましょう。

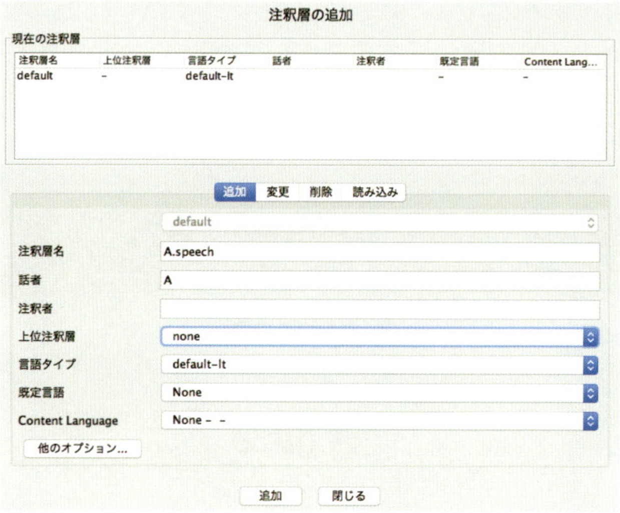

[図10]
「注釈層の追加」画面。とりあえず注釈層名、話者を入力しておけばよい。

【新しい層を追加する】

❶メニュー・バーの［注釈層］→［新規追加］を選びます。

❷［注釈層の追加］ボックスが表れるので、必要事項を入れていきます（図10）。ここでは、Aさんの発話 speech について注釈を書き込む層を作ります。

❸最低限必要な項目は「注釈層名」「話者」の二つです。ここではAさんの発話を記述したいのでそれぞれ「A.speech」「A」としましょう。注釈をつける人が何人もいる場合は「注釈者」に各人の名前やイニシャルなどを入れますが、ここでは空欄にしておきましょう。

❹その他の選択肢はここでは変更する必要はありません（上位注釈層、言語タイプの使い方については第5章をご覧下さい）。

❺「追加」ボタンを押せば、タイムライン・ビューアに「A.speech」という名前のついた層が一つ増えます。

❻せっかくなのでAさんのジェスチャー gesture や視線変化 gaze も、同じようにそれぞれ層として追加してみて下さい。ボックスの「閉じる」を押すと、タイムライン・ビューアに新たな層ができあがっているのがわかります（図11）。

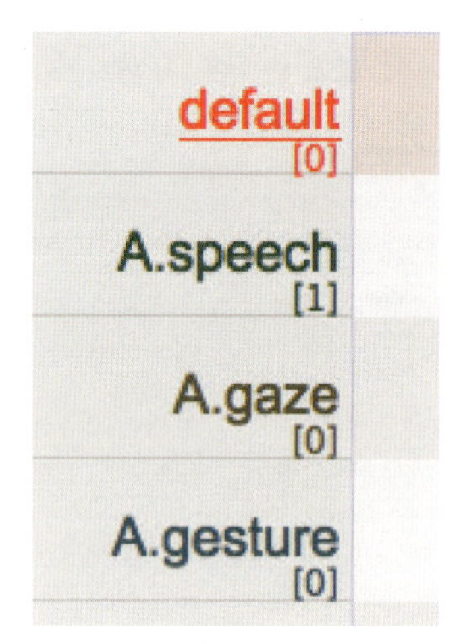

［図11］
defaultに加えて三つの層を作ったときの層ラベル

9 注釈の移動、開始・終了時刻の変更

注釈の入力操作を進めていくと、すでに入力したものを別の層に移動したり、開始・終了時刻を変更したくなることがあります。

注釈を別の層に移動するには、まずその注釈をクリックして選択します（このとき注釈は青色になります）。次にOptionキー（Windowsの場合はAltキー）を押しながら注釈を移動先の層にドラッグします。これで移動はOKです。

同じ層の別の場所に移動させるときも、Optionキーを押しながらドラッグすれば、時間幅はそのままで好みの場所に移動できます。

もし、注釈の開始・終了時刻を個別に変更したいときは、Optionキーを押しながら、注釈の開始部分、もしくは終了部分にマウスを当てます。うまく当てれば、カーソルが左右矢印の形に変化します（図12）。このタイミングで、ドラッグすると、開始・終了時刻を左右にずらすことができます。

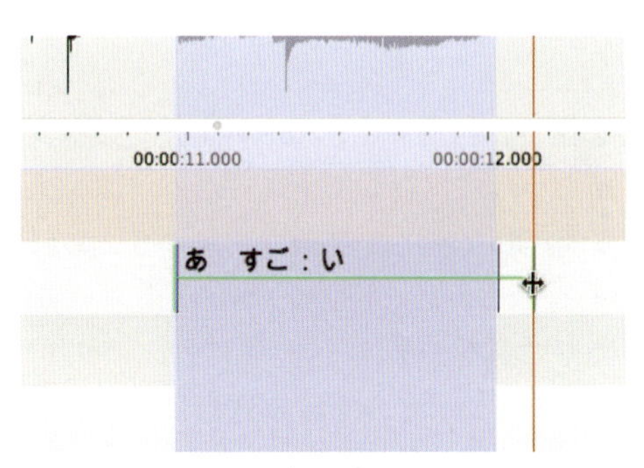

［図12］
注釈の開始・終了時刻を変更する方法。Optionキーを押しながら開始・終了時点にマウスをあてるとカーソルが左右矢印形になる。

10 ファイル、テンプレートを保存する

10.1. ファイルの保存

さて、いったん作業を保存しておきましょう。

[ファイル] → **[保存]** で保存ができます。こうするとパソコン上には、xxx.eaf、xxx.pfsxという二つのファイルができます。このうち.eafがメインのファイルですので大切にとっておきましょう。一方.pfsxファイルの方には、あなたが使ったELAN環境の設定（表示フォントの大きさなど）が含まれているので、これも一緒に保存しておきましょう。保存したデータは、**[ファイル]** → **[開く]** で開くか、ELANのアイコンにドラッグ＆ドロップすれば再び開くことができます。

10.2. テンプレートの保存

もしこれから先あなたが同じようなデータをいくつも扱う場合、たとえば、同じ三つの層を何度も分析する場合、新しいファイルを作るたびに発話の層や動作の層を一つずつ作るのは面倒でしょう。こんなときは「テンプレート」を利用します。

すでに三つの層を作った状態で、**[ファイル]** → **[テンプレートとして保存]** を選び、適当な名前をつけて保存して下さい。パソコン上には、xxx.etfというファイルができます。ちなみにこのetfファイルさえあれば、層やのちに述べる管理語、言語タイプ、上位／下位層（第5章）もすべて保存でき、いちいち面倒な設定をしなくて済みます。

作成したテンプレート・ファイルを読み込むには、新しいファイルを作るとき同様、**[ファイル]** → **[新規作成]** を選びます。新規作成ボックスが開いたら、右側のボタンから **[Add Template File...]** を選びます。あとは、あらかじめ作成しておいたetfファイルを選び、適当なメディア・ファイルを選んでOKを押すと、三つの層がすでにできた状態から作業を開始できます。

たとえば何人かで手分けしてデータ分析したいとき、テンプレート・ファイルをコピーして配っておけば、分析者全員が同じ設定からスタートできるというわけです。

ここで、パソコン上にできるELANのファイルをもう一度まとめておきましょう。

【ELANのファイル】

1 .eaf　メインのファイル。注釈や設定のほとんどが含まれる。
2 .pfsx　フォントや使用環境に関する設定。
3 .etf　テンプレート・ファイル：層に関する情報が含まれている。
　　　上位／下位層、管理語、言語タイプの情報も含まれる。

さあ、以上で、基本操作は終わりです。ここに書かれた操作を覚えるだけでも、映像や音声に注釈を書き込み、狙った注釈を再生するには十分です。この章での操作に飽き足らなくなった方は、次の章以降をお読み下さい。

本章のまとめ

- **ELANの基本作業**

気になる範囲を選択し、そこに注釈（メモ）を入力する。

- **作業を始めるには**

［ファイル］→［新規作成］でメディア・ファイルを読み込む。

何度も似た作業をするにはテンプレートが便利。

- **選択範囲を決めるには**

波形ビューアかタイムライン・ビューア上でドラッグする。

- **注釈を入力するには**

選択範囲と入力したい層の交わった部分をダブルクリック。

- **赤いクロスヘアから再生するには**

Ctrlキー＋スペース・キー（または再生コントロール部の再生ボタン）。

- **選択部分だけを再生するには**

Shiftキー＋スペース・キー（または選択再生コントロール部の選択再生ボタン）。

- **注釈間を移動するには**

Optionキー（Altキー）＋矢印キー（または選択再生コントロール部の矢印ボタン）。

- **注釈の時間範囲を変更するには**

注釈の開始または終了ポイント付近にカーソルをあてて、

Optionキー（Altキー）を押しながらドラッグ。

- **層を増やすには**

メニューの**［注釈層］→［新規作成］**。

- **よく使う層の組み合わせを保存するには**

テンプレートを保存。

注

1　あとからメディア・ファイルを追加したり取り除いたりするには、第3章6節「メディアの指定と同期」を参照。

2　Macでは、OSのSpotlightで用いられるショートカット・キーとELANのキーとが重複しているために、うまく働かないことがあります。この場合は、OSの **［アップルメニュー］** → **［システム環境設定］** → **［Spotlight］** を選んで、ショートカットの設定をELANと重複しないものに変更して下さい。

03 ELANを使いこなす

第2章では、ELANを使って映像や音声に注釈を入力して保存するまでを一通り解説しました。

この章ではもう一歩進んで、ELANを日常的に使う人がよく行う手続きを紹介しましょう。これらの手続きを知っておけばELANはもっと使いやすくなります。

1 複数の層を操作する

1.1. 参加者を増やす

複数の参加者のいるデータでは、第一の参加者にいくつもの層を作ってから、同じ層の組み合わせを他の参加者に作ることがあります。たとえば、Aさんの視線移動、動作、発話の層を作ってから、Bさん、Cさん…と同じ層を作っていく場合がこれにあたります。しかし、同じ作業を何人分も行うのは手間がかかります。こんなときは**[注釈層]→[Add New Participant...]**を使いましょう。

たとえば、第2章で作ったAさん用の三つの層と同じものを、Bさん、Cさんにも作るとします。

【参加者を増やす】

❶**[注釈層]→[Add New Participant...]**を選ぶと図1のようなウィンドウが開きます。「Select」部分ではtier structure/participantの選択ボタンがあります。前者は気にせず、participantを選択します。下の欄にはすでに作られた層の参加者名が並びます。いまはAしかいないのでAにチェックを入れます。

❷「Options」部分では「Specify the new participant（新しい参加者の名を入力）」は

新しい参加者である「B」を入れておきましょう。prefix/suffixは、層の名前をAからBに置きかえるか（たとえば「B.speech」）、既存の名前の後ろに付け加えるか（たとえば「A.speech-B」）の選択肢です。ここではprefixを選んでおきます。

❸「Options」部分の上下に並んだ空欄の上側には置き換えられる文字列（ここでは「A」）を入力し、下側には置き換え後の文字列（ここでは「B」）を入力します。

以上を済ませて「OK」を押すと、一発でBの層が三つ出来上がります。他にも参加者がいるなら、同じやり方C、D…と増やしていくとよいでしょう。なお、このやり方は第5章で述べる下位層を参加者分作るときにも威力を発揮します。

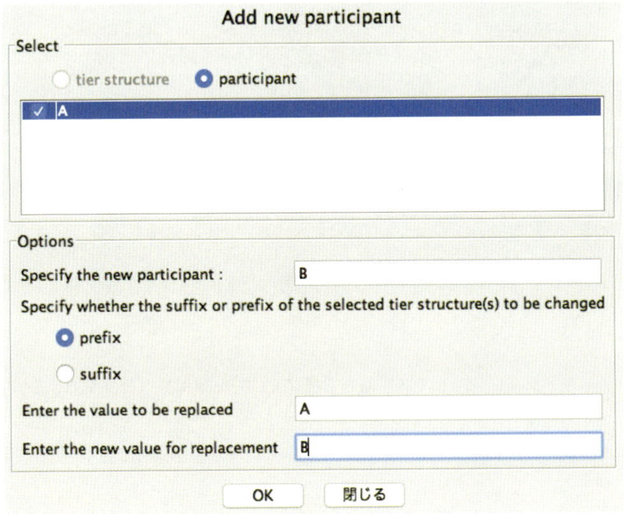

[図1]
[Add New Participant...]の入力画面

1.2. 層を並べ替える

注釈が増えていくと、層を並べ替えて眺めたくなるときがあります。たとえば、参加者の発話だけを比べたいとき、Aさんの発話、視線、動作、Bさんの発話、視線、動作…という風に参加者ごとに層が並んでいると、どうもみづらく感じられます。

こんなときは層を並べ替えてしまいましょう。方法は簡単。タイムライン・ビューアの右、層の名前（層ラベル）を上下にドラッグして、移動したい位置で離します（図2）。これだけで、層がまるごと上下に移動します。何度でも変更できるので、必要に応じて気軽に並べ替えるとよいでしょう。

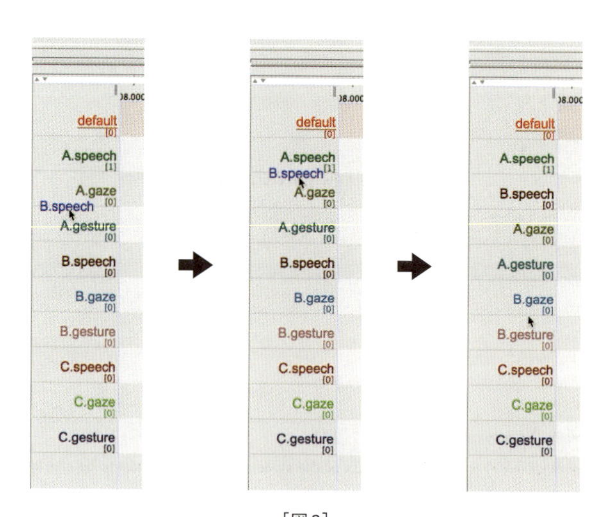

［図2］
層ラベルをドラッグ（左）して、移動先で離すと（中）簡単に並べ替えができる（右）。

2 出力

ELANで注釈を入力したあと、テキストとして扱ったり表計算ソフトで処理したりするには、別ファイル形式で保存するのが便利です。保存には、メニュー・バーから **［ファイル］→［別ファイル形式で保存］** を使います。ここから、さまざまな形式の出力を選べるのですが、本章ではその中から、比較的汎用性の高い **[タブ区切り文書ファイル形式で...]**、**[旧来の記録文書形式で]**、**[ELANのウィンドウ画像...]** について説明しましょう。

2.1. タブ区切り文書ファイル形式で保存

Excelなどの表計算ソフトで時刻データや注釈データを扱うには、タブ区切り文書ファイル形式で保存するのが便利です（第6章で述べるようにELAN上で統計をとることもできます）。

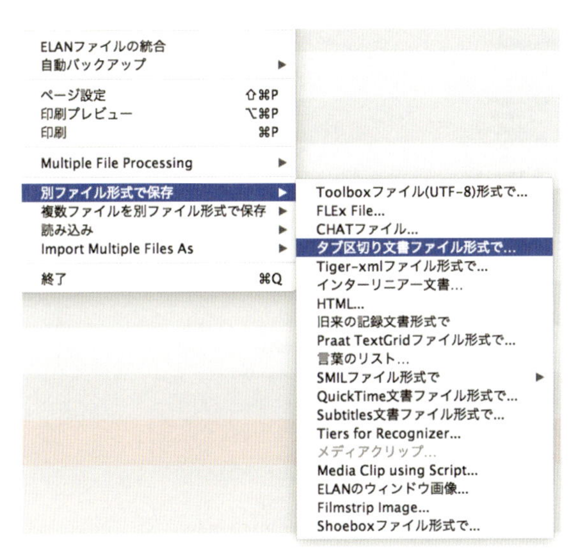

[図3]
[別ファイル形式で保存]を選ぶとサブ・メニューが表示される。

【タブ区切り文書ファイル形式で保存する】

❶メニュー・バーから **[ファイル]** → **[別ファイル形式で保存]** → **[タブ区切り文書ファイル形式で ...]** を選ぶ（図3）。

❷図4のようなオプション選択画面が表示されるので、どの層を出力するか

を選びます。図4の例では、A、B、C三人の発話層（A.speech、B.speech、C.speech）だけを選んでいます。

❸必要に応じて「出力オプション」を指定します。たとえば、「限定された時間間隔に制限」にチェックを入れると、現在タイムライン・ビューア上で選択中の範囲（水色の部分）に含まれる注釈だけを出力します。

❹「Exclude tier names from output」を指定すると、層の名前が出力から省かれ、「Exclude participant names from output」を指定すると、参加者の名前

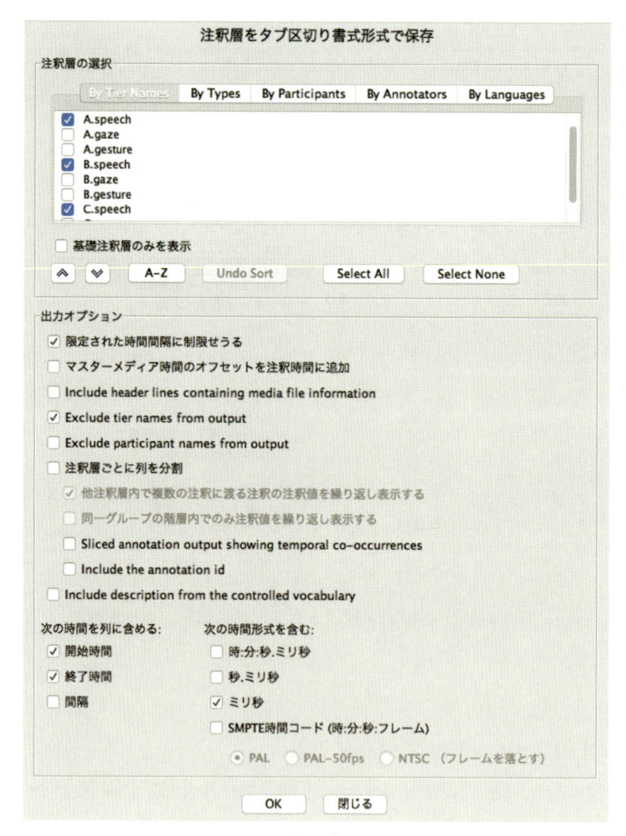

［図4］
［タブ区切り書式形式で保存］のオプション選択画面

が出力から省かれます。

❺出力には、「開始時間」「終了時間」「間隔」を選ぶことができ、また、どの時間形式で表示するか（「時：分：秒.ミリ秒」など）を選べます。ひとまず「開始時間」「終了時間」を指定して、ミリ秒で出力しましょう。自分であちこちチェックを入れたりはずしたりして、どんな出力になるのか慣れるとよいでしょう。

❻下の「OK」ボタンを押しファイル名を入力し終わると、「select encoding」と文字コードを尋ねる表示が出ます。Macの場合、「UTF-8」を選べばテキストエディットで読めます。

2.2. トランスクリプトを出力する

会話分析や談話分析などでよく使われるトランスクリプトを作るには、「旧来の記録文書形式で保存」を使うと便利です。この保存形式の魅力は、沈黙長を自動的に割り出してくれること、そして自動的に発話番号を振ってくれることです。最近の会話分析では、おおよそ0.3秒未満の間があると感じられる場合は、短い沈黙として扱って「(.)」のような記号で表し、0.3秒以上の間があると「(0.3)」のように沈黙長をトランスクリプトに書き入れます。逆に、発話のない区間が非常に短く、間として感じられない場合は、沈黙としては扱わず、発話内のできごととして扱います。一つ一つの沈黙の長さをELANのタイムライン・ビューアから割り出すのは大変ですが、この保存形式をうまく使うことでその手間が省けます。以下、設定していきましょう。

【トランスクリプトを出力する】

❶メニュー・バーから**［ファイル］→［別ファイル形式で保存］→［旧来の記録文書形式で］**を選ぶと、図5のようなオプション選択画面が表示されます。上部の「注釈層の選択」では、出力する層を「By Tier Names（層名別）」「By Types（タイプ別）」「By Participants（参加者別）」「By Annotators（入力者別）」「By Languages（言語別）」から選ぶことができます。たとえば、さまざまな層の中から発話のみを出力したいときは「By Tier Names（層名別）」を選びます。ここでは、「A.speech」「B.speech」「C.speech」を選んでおきましょう。

❷下部にはさまざまな出力オプションが用意されています。「限定された時間

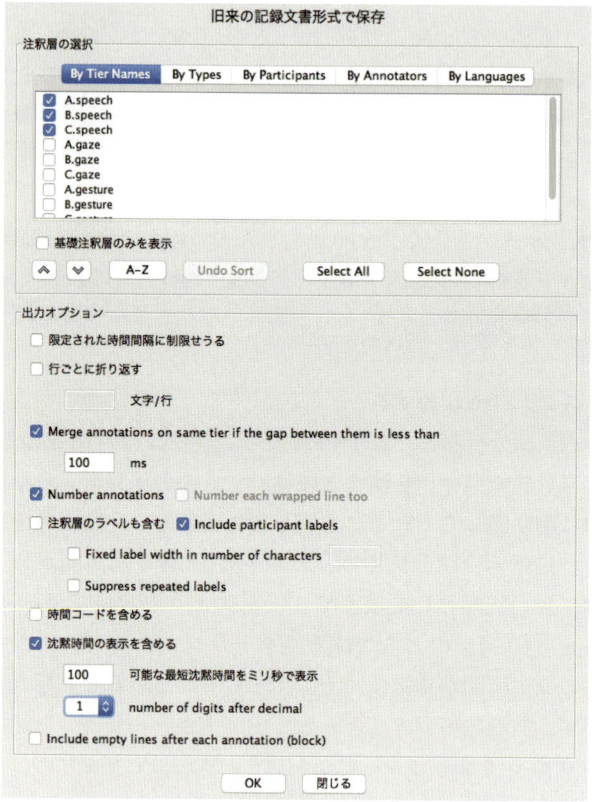

［図5］
［旧来の記録文書で保存］のオプション選択画面

間隔に制限」にチェックを入れると、タイムライン・ビューア上の水色で選択された範囲だけが出力されます。ここでははずしておきます。

❸「Merge annotations on...」は、短い間をおいて起こった二つの注釈どうしをくっつける機能です。ここで指定した時間（単位はミリ秒 ms）未満の間で隔てられた注釈どうしがくっつきます。ここでは「100」と入力しておきましょう。これで、100ミリ秒未満の間は沈黙ではなく、ひとつながりの発話として扱われます。

❹「Number annotations」にチェックを入れると、各発話の冒頭に自動的に番号を振ってくれます。折り返した行にも番号を振りたいときには「Number each wrapped line too」にもチェックを入れます。
❺「注釈層のラベルも含む」をチェックすると、発話の冒頭に層ラベル名が付きます。「Include participant labels」をチェックすると各発話の冒頭に話者の名前が付きます。
❻「時間コードを含める」にチェックを入れると、ひとつひとつの注釈に対して、開始-終了時刻が付け足されます。ここでははずしておきます。
❼「沈黙時間の表示を含める」にチェックを入れると、沈黙を表示してくれます。たとえば、0.1秒以上の沈黙を表示したい場合は、「可能な最短時間をミリ秒で表示」の左の空欄に「100」と入力します。これで、100ミリ秒以上の沈黙がある箇所はその長さが表示されます。なお、入力の単位はミリ秒なのですが、出力の単位は秒です。秒数を小数点以下何桁まで表示したいかは「number of digits after decimal」で指定します。ここでは1を選んでおきましょう。「(0.8)」のように小数点第一位まで秒数が出力されます。
❽ここで注意を一つ。「注釈層の選択」で誰の発話を選択したかによって何を沈黙とするかが左右されるということです。たとえば、A、B、C三者の会話で、A、B、Cの発話層をチェックすると実際の沈黙時間が計算されます。一方、Cさんの発話層をチェックしなかった場合、ELANはAさんとBさんのみの会話を想定して沈黙時間を計算します。また、Aさんの発話層のみをチェックした場合は、Aさんのある発話から次の発話までを沈黙時間として計算します。
❾「Include empty lines...」にチェックをすると注釈間が一行空きます。ここでははずしておきます。

以上、たくさん出力オプションがありましたが、図5の設定を参考にしてみて下さい。なお、発話や行為の沈黙部分、オーバーラップ部分を自動的に割り出すには、第6章を参考にして下さい。

図5の設定に従って出力されたトランスクリプトの例を一部挙げましょう。左端に発話番号が表示され、次に話者名、そして空白をはさんで注釈内容（発話内容）が記されています。また、沈黙はカッコ内に秒単位で記されています。

【図5の設定例に従って出力された文書の例（一部）】

04 C　ばち：：hん
05 C　っていったねいま
06 B　おうあれ：：
07 A　ねえ
08 A　すごいね：
　　　(0.2)
09 A　(あ) hたhしh
　　　(0.2)
10 A　ぜんできない
　　　(0.8)

トランスクリプトの原型としてはこれでいいのですが、会話分析に使うにはもう少し加工が必要です。その手続きは、付録2「トランスクリプトを再検討する」をご覧下さい。

2.3. ELANのウィンドウ画像を保存

ELANの画面は、映像や音声波形と注釈とが時間軸上にうまく組み合わされているので、これをまるごと論文やプレゼンテーションに使うと便利です。もしあなたのパソコンに画面キャプチャーの機能があるならば、それを使ってキャプチャーするのがよいでしょう。もう一つの方法は、ELAN上で画面を保存する方法です。**［別ファイル形式で保存］→［ELANのウィンドウ画像を保存］**を選ぶと、その時点のELAN画面がjpg、png、bmpなどの画像ファイルとして保存されます。適当な画像編集ソフトを使って必要な部分を切り出すとよいでしょう。

画像を切り出す際、注釈の文字を大きくしたり見栄えを変えたい場合もあるでしょう。これらについては本章の5節を参照して下さい。

3 外部ファイルの読み込み

ELAN以外のソフトウェアで作られた外部ファイルを、ELANに読み込める場合があります。Toolbox、FLEx、CHAT、Transcriberなど、さまざまな書き起こしソフトのデータをELANに変換できますが、ここでは、よく用いられるCSVファイルの読み込みを例にしましょう。

CSVファイルをELANで読み込むには、データのひとつひとつが各行に記されており、それぞれのデータについて少なくとも

①開始時間
②終了時間
③注釈

の三つの要素が列で記されている必要があります。一方、その他にいくつ要素が付け足されていても構いません。データは時刻順に並んでいる必要はありません。また一行目に各データの名称が記されていても構いません。

たとえば表計算ソフトで表1のようなデータを作ったとしましょう。

[表1]
ELANで読み込むことのできる表計算ソフトのデータ例。これをCSVファイルとして保存する。

開始	終了	参加者	発話内容
100	600	A	こんにちは
800	1400	B	こんにちは
2400	3200	A	いい天気ですね
3600	4200	B	そうですね
6000	7000	A	今日はどこにいきましょう
8400	9200	B	そうですね
9000	10000	A	公園にしましょうか
11000	11700	B	そうですね

ここには「開始」「終了」「参加者」「発話内容」の四つの要素が記されています。このデータをCSVファイルとして保存し、ELANのファイルに読み込んでいきましょう。

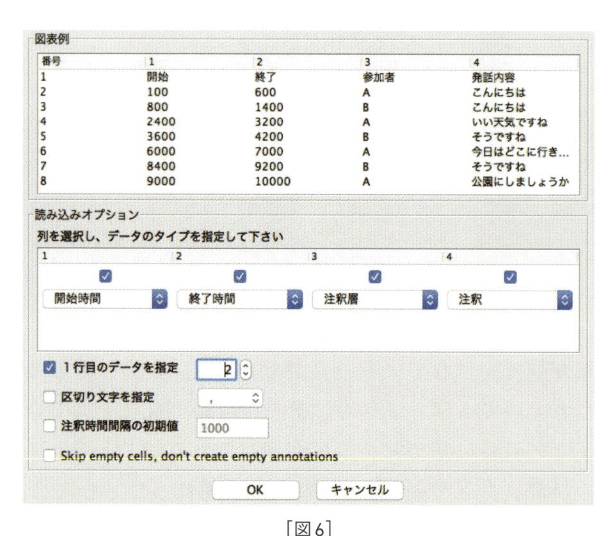

［図6］
表1のCSVファイルの読み込み方を設定しているところ。
データが参加者別になっているなら「注釈層」に指定するとよい。

【外部ファイルの読み込み：CSVファイルの場合】

❶**［ファイル］→［読み込み］→［カンマ区切り／タブ区切りファイル］**を選びます。

❷ファイルの選択画面になるので、用意したCSVファイルを選びます。

❸「図表例」と「読み込みオプション」が表示されます（図6）。図表例にはCSVを列ごとに読み込んだ状態が表示されます。ここで表示がうまくいっていないときは、区切り文字に問題がある可能性があるので、下の「読み込みオプション」で「区切り文字を指定」にチェックを入れ、タブ、コロンなど適当なものを指定します。

❹「読み込みオプション」でそれぞれの列のタイプ（その列が何を意味しているか）

を指定します。表示されている列のうち、読み込みに用いる列にチェックを入れて、タイプを選びます。ここでは、

- 1列目の「開始」を「開始時間」に
- 2列目の「終了」を「終了時間」に
- 3列目の「参加者」を「注釈層」に
- 4列目の「発話内容」を「注釈」に

指定します。

❺1行目は説明行で実際のデータは2行目から始まるので、「1行目のデータを指定」にチェックを入れ、「2」を入力します。

❻「Skip empty cells...」をチェックすると、内容が空白の場合は注釈を作りません。

❼「OK」ボタンを押すと、新しいELANファイルができ、読み込まれたファイルが参加者ごとに層と注釈になります（図7）。

❽このELANファイルに、**［編集］→［リンクファイル ...］**で分析したい映像や音声ファイルをリンクします（6節参照）。

［図7］
表1のCSVファイルを読み込んだ結果。
指定した開始時刻・終了時刻に注釈が作られ、発話内容が書き込まれている。

4 入力済みの注釈を編集、再生：格子ツールとテキスト・ツール

注釈内容を見ながら手軽に編集できる環境に、ツール群の格子ツールとテキスト・ツールがあります。

4.1. 格子ツール

格子ツールの表示内容は、右クリック（もしくはCtrlキーを押しながらクリック）で調整できます。デフォルトでは、開始時刻、終了時刻、間隔が入っていますが、右クリックしてこれらのチェックを入れたり切ったりすることで、表示／非表示が切り替わります（図8）。文字サイズや時間形式を変更したり、内容をタブ区切り文書形式で保存したりすることもできます。

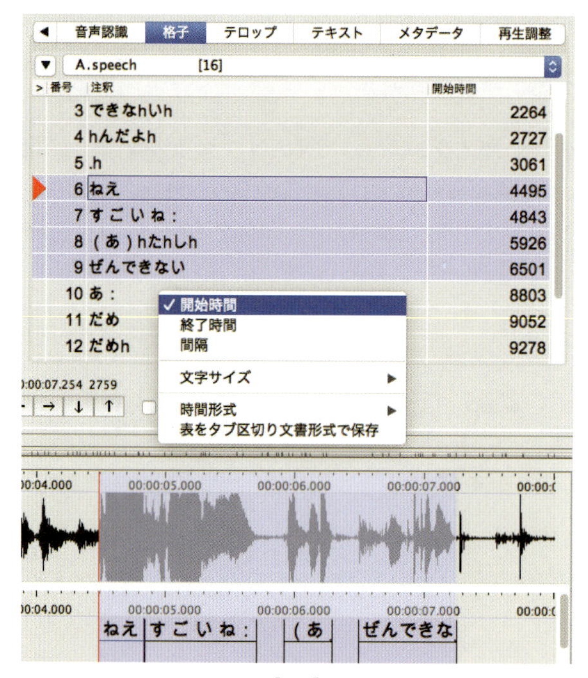

［図8］

格子ツールを表示し、右クリックをしたところ。「開始時間」のみチェックが入っているので、ツール内の表にも「開始時間」以外表示されていない。「ねえ」から「ぜんできない」までの四つの注釈を格子ツール上で選ぶと、下のタイムライン・ビューアでも該当する箇所が選ばれる。

格子ツールは再生にも便利です。たとえば、上下の注釈をドラッグすると、複数の注釈範囲を手軽に選ぶことができます（図8）。また、注釈内容の編集も可能です。注釈を選んでから内容をダブルクリックすると編集モードになるので、注釈内容を確認しながら簡単に訂正ができます。

4.2. テキスト・ツール

テキスト・ツールも、格子ツールと使い方は似ています。テキスト・ツールでは、複数の注釈内容があたかも一続きのことばのように表示され、選択された注釈は青い囲みで、現在再生中の箇所は赤い囲みで表されます（図9）。文字列上をドラッグするだけで、複数の注釈範囲を手軽に選ぶことができ、各注釈をダブルクリックすると、注釈編集ボックスが開くので、内容を訂正できます。

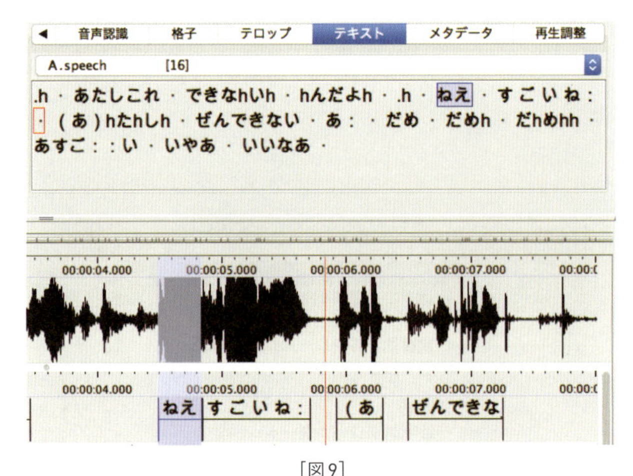

［図9］
テキスト・ツール。テキスト内の青い枠線内は現在選択中の注釈、
赤い枠内は現在のクロスヘアの位置を示す。

5 画面の整理と操作

5.1. ビデオを切り離す

実はELANでは、ビデオを切り離すことができます。ビデオ・ビューア上で右クリック（もしくはCtrlキーを押しながらクリック）をしてみて下さい。コンテクスト・メニュー・バーが現れるので**［ビデオ画面を切り離す］**を選びます。すると、ビデオ・ビューアがELANの画面から切り離されるので、ELAN本体のサイズを気にすることなく、自由にサイズや位置を変えることができます。逆にELANに戻すには、再びビデオ・ビューアを右クリックして、**［ビデオ画面をELAN画面に結合する］**を選びます。

5.2. 注釈を大きく表示する

ELANの初期設定では、注釈の文字サイズは12ポイントですが、人によってはもっと大きく表示したいでしょう。これを変更するには、どれか適当な注釈の上で右クリックします（MacではCtrlキーを押しながらクリック）。図10のようなメニュー・バーが表示されるので、**［文字サイズ］**を選んで適当な大きさに変更します。

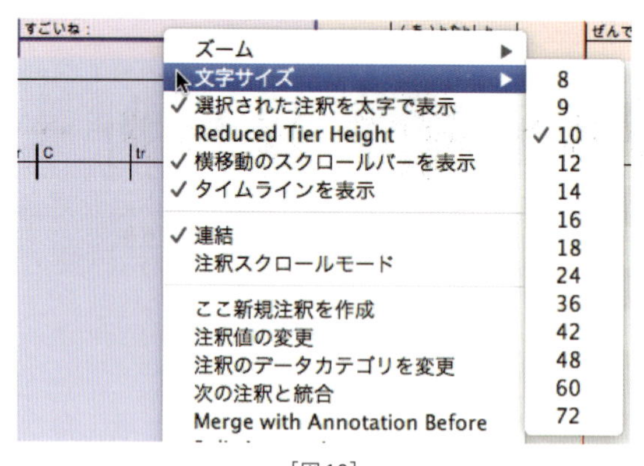

［図10］
注釈の文字サイズの切り替え

5.3. トラックパッドを使う

ノートパソコンによっては、トラックパッドで特定の動作（ジェスチャー）を行うとスクロールや拡大・縮小ができる場合があります。たとえば、MacBookのトラックパッドの場合（2019年時点）、タイムライン・ビューア上で二本指で横にスライドさせると横スクロール、二本指を広げたり閉じたりすると拡大・縮小表示ができます。

5.4. ツール群を並べ替える

ツール群には、いくつものツール名が表示されていますが、多くの人が日常的に使うのは、このうちのごく限られたものでしょう。ELANでは以下のやり方で、ツール群の表示を変更したり、順番を並べ替えることができます。

まず、ほとんど使わないツールを隠します。メニュー・バーの**［表示］→［Viewer］**を選ぶと、さまざまなツール群の一覧が出ます（図11）。ツール名にマウスを合わせて離すと、チェックの入／切が変わり、表示／非表示を切り替えることができます。なお、下の三つはツール群ではなく、Signal Viewer（波形ビューア）、Interlinear Viewer（インターリニア・ビューア）、Timeseries（時系列ビューア）です。

［図11］
ツール群とViewerの表示切り替え

ツールを並べ替えるには、**［編集］**→**［環境設定］**→**［環境設定の編集］**から**［Viewers］**を選びます。下のほうに**［Select Viewers］**という表があり、**［Move Up/Down］**の欄をクリックすることで並び替えることができます。

ちなみに、この**［環境設定の編集］**から**［メディア］**を選び「Place the video/media in the center」にチェックを入れると、ビデオを中央に表示してその左右にツール群を並べることができます。ここで先ほどの**［Viewers］**の**［Select Viewers］**に戻ると、実はツールごとに左右どちらに表示するかを選ぶことができるのに気づきます（ただし「再生調整」ツールだけは選べません）。

たとえば、ビデオを中央に表示し、ツール群をすべて左に表示するよう指定した上で、ビデオを切り離すと、図12のようにツール群の一つと再生調整ツールとを大きく表示して作業することができます。モニターを二台以上使う環境などで便利でしょう。

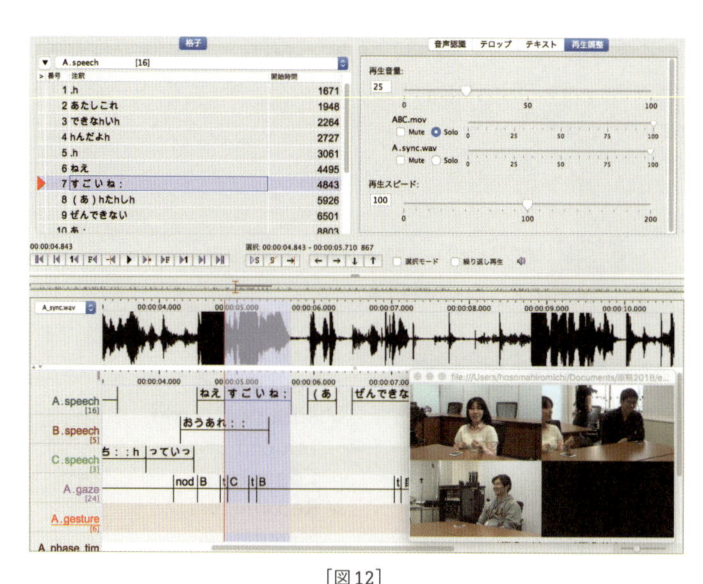

［図12］
ツール群のレイアウトを工夫した例。
ここでは、ビデオ・ビューアを中央表示にした上で、左右にツール群を表示させ、
さらにビデオ・ビューアを切り離している。

6 メディアの指定と同期

作業の途中で、いま使っている映像や音声よりもっと適切なものが使えることに気づく場合があります。また、等間隔の注釈を先に作って（第7章）、後から映像や音声を読み込みたい場合もあります。こうした場合、ELANではメディア・ファイルを指定し直すことができます。ただし、新たに指定した映像や音声が、すでに入力し終わった注釈とわずかにずれている場合もあります。こうした場合、ELANでは注釈のすべてを何秒かずらすことができます。

一方、注釈ではなく、メディア・ファイルの開始位置の方をずらす場合もあります。たとえば映像や音声ファイルの開始時刻がわずかでもずれていると、うまく分析ができません。こうした場合、ELANではビデオや音声の開始時刻をずらせて同期させることができます。

ここでは映像、音声を指定し直す方法、注釈のずらせ方、映像、音声、注釈の同期をとる方法を紹介しましょう。

6.1. メディア・ファイルを指定し直す

ELANのファイルを開けたあとで、映像や音声を追加・変更したいときがあります。こんなときはメニュー・バーから **［編集］→［リンクファイル］** を。追加変更したいメディア・ファイルを選んで「適用」させればOKです。

6.2. 注釈をまるごとずらす

注釈をずらすには、メニュー・バーから **［注釈］→［全ての注釈をずらす］** を選びます。何ミリ秒ずらすかきいてくるので適当な値を入力します。

すでに入力した注釈と映像や音とが何ミリ秒ずれているかを割り出すには、既に入力した注釈の開始点から、実際の音声や映像の開始点までをドラッグして選択してみます。選択再生コントロール部の上部に選択範囲と間隔長が表示される（図13）ので、この間隔長の数値を使えばよいでしょう。ただし、既にある注釈がはみ出てしまうようなずらし方はできません。そういう数値を入れても、限界値を示されてしまいます。

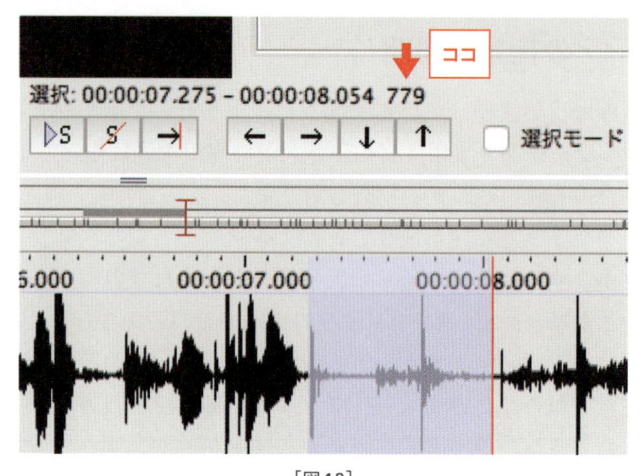

［図13］
注釈の開始点から実際の音声や映像の開始点までのずれを選択して、
ずれの数値をミリ秒単位で知る。

6.3. 映像や音声の同期を調整する

すでにどのメディア・ファイルが何秒ずれているかがわかっている場合には、**［編集］→［リンクファイル］**で、各メディア・ファイルの情報を見ます。ここに「オフセット」という項目があるので、ダブルクリックすると、数値の入力が可能になります。ずれの数値をミリ秒単位で入力してEnterキーを押せば、そのメディアを指定したミリ秒数だけずらせてくれます。

ずれの数値がわからない場合は、ELAN上で同期します。同期するにはメニュー・バーから**［オプション］→［メディアの同期化画面］**を選び、映像と音声の開始時刻を調節します。手順は以下の通りです。

【映像と音声を同期させる】

❶**［オプション］→［メディアの同期化画面］**を選ぶ。同期化画面が表示される（図14）。

❷左下の「オフセット」で「絶対オフセット」(㋐）を選びます。

❸ずらしたいメディアを隣の「メディア・プレーヤー」で選びます（㋑)。

❹赤いクロスヘア（㋒）をずらして、おおよそずらしたい位置まで移動します。

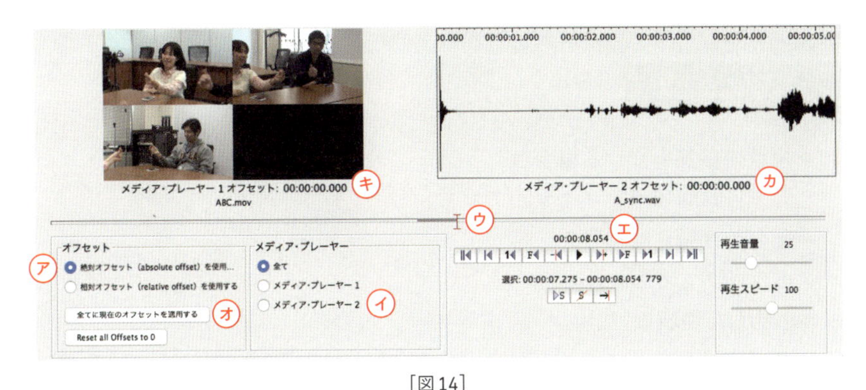

［図14］
メディアの同期画面。ここでは、一つの映像(メディア・プレーヤー１)と
一つの音声(メディア・プレーヤー2)の二つを同調させている。

❺再生ボタンやコマ送りボタン（㊁）を使って、正確な位置を割り出します。
❻三つ以上のメディアがある場合は、❸〜❺の作業を、他のメディアでも繰り返します。
❼「オフセット」で、「全てに現在のオフセットを適用する」(㊉）を押します。

なお、「相対オフセット」を押してから❸〜❺の作業を行い「全てに現在のオフセットを適用する」を押すと、メディア・プレーヤー2以降の位置表示(㋕）は、メディア・プレーヤー1（㋖）を0としたときの値になります。

本章のまとめ

- **複数の参加者がいる場合は**

層を自動的に増やすことができる。

- **層の並べ替えは**

ドラッグするだけ。

- **入力した注釈は**

タブ区切り文書ファイル形式、旧来の記録文書形式、さまざまな形式で保存することができる。ウィンドウ画像自体も保存できる。

- **外部ファイルの読み込み**

CSVファイルなど外部ファイルを読み込むことができる。

- **入力済みの注釈の再生や編集には**

格子、テキスト・ツールが便利。

- **画面の配置を工夫するには**

ビデオの切り離し、注釈表示の拡大、ツール群の並べ替えなどによって、より使いやすい環境にできる。

- **メディア・ファイル（映像や音声）は**

あとから指定し直すことができる。注釈の時刻はまるごとずらすことができる。メディア・ファイルどうしがずれている場合はELAN上で調整できる。

04 映像と音声収録の基礎知識

この章では、ELANを使うときや、映像・音声データを収録するときの知識を補足します。

1 映像と音声データの違い

ELANでは映像と音声を同時に扱います。しかし、この二つのメディアは、実はかなり違う性質を持っています。ここでは、ELANのさまざまな操作で重要になってくる両者の違いについて書いておきましょう。

1.1. 映像の時間密度

わたしたちが見ている動く映像は、実際にはいくつもの静止画を高速に連ねたものです。この静止画を数えるときの単位が「フレーム」です。1秒あたりのフレームの数が多いほど動きは滑らかになり、少ないほどがくがくしたものになります。そこで、1秒あたりのフレーム数を「フレームレート」と呼び、「fps（frames per second）」という単位で表します。

2019年現在、テレビやビデオカメラで用いられている映像のフレームレートは、通常30fpsです。この場合、いわゆる「コマ送り」をすると、1/30秒、すなわち0.033秒で1フレーム動きます。映像がどれくらい細かいフレームレートをとっているかは、撮影機器やファイルの作られ方によって変わってきます。

1.2. 音声の時間密度

一方、音声は映像よりも圧倒的に細かい時間密度で記録されています。デジタル音声は、一秒間にものすごい密度で音の大きさを記録することで、高い音質になります。1秒間にどれくらいの密度で音の大きさを記録しているかを「サンプリングレート（周波数）」と呼び、「Hz（ヘルツ）」という単位で表します。

たとえば通常のCDだと、音量を1秒あたり44100回記録しています。このとき「CDのサンプリングレートは44.1kHzだ」と言います（kHzはHzの1000倍）。音声がどれくらい細かいサンプリングレートで録音されているかは、録音状況やファイルの作られ方によって変わってきます。

1.3. 再生時間の精度は音声のほうが細かい

さて、もうおわかりのように、音声は映像に比べて時間密度がずっと高くなっています。言い換えれば、音声のほうが映像よりも再生時間の精度がずっと高いのです。この違いは、ELANの操作で重要になってきます。ELAN上で非常に短い音声を選ぶと映像に変化が見られないことがありますが、それは音声が映像より精度が高いからです。ELAN上ではなくメディア・ファイルを直接編集して同期をとるときに、映像よりも音声を基準にしたほうがうまくいきます。

1.4. 単位時間あたりの情報量は映像の方が大きい

映像は、音声に比べて時間密度が小さいかわりに、1フレームあたりの情報量は圧倒的に大きくなっています。たとえば、通常のDVDビデオの映像には1フレームあたりに画素が720×480、つまり345600ピクセルあり、さらにその一つ一つが色の情報を担っています。この値は、映像が高画質になるほど増えるでしょう（Full HDでは1920×1080、4kでは3840×2160など）。このため、映像ファイルは容量が大きく、ELANの実行速度を重くする原因になりやすいのです。一方、音声データは時間密度は細かいものの、一回のサンプリングで音量という一つの値しか扱いません。

1.5. ELANを快適に使うには映像を軽くすること

ELANの動きやすさを決めるのはほとんどの場合、映像です。大雑把に言って、ELANの動作は扱う映像の画素数が大きいほど、そして時間が長いほど、重くなります。映像が大きいほど、再生ががたついたり、同期が乱れたりするでしょう。複数の映像を扱うと、さらにこうした乱れは大きくなります。

もしELANを使っていて、映像の再生がスムーズにできない、巻き戻し／早送りがつっかえるなど、どうも動作が鈍いと感じたら、映像ファイルの容量が大きすぎないかチェックすることをお勧めします。たとえば、1時間の映像のうち分析対象が数分なら、動画編集ソフトなどでその部分だけを切り取った映像ファイルを作るとよいでしょう。また、動画編集ソフトで、分析に十分な程度まで映像の画質を落とすのも効果があります。

2 データ収録

ここでは本書の付録であるサンプルデータの収録手順を例に、複数の映像を記録するにあたって特に重要なビデオカメラの設定項目・カメラの配置・データを同期するための工夫を説明していきます。設定については各社のビデオカメラには個別の設定項目があります。説明書等を参照し、適宜本文を読み替えてください。

2.1. 複数の映像を記録する

コミュニケーションのデータ収録では複数のカメラを使うのが一般的です。参加者たちの視線や身体動作を含め、コミュニケーションのさまざまな側面を収録するには、できるだけ死角をなくすため、何台かのカメラで撮影することが必要だからです。

2.2. データ撮影と演出のある撮影との違い

データの撮影は記念撮影や映画やドラマの撮影とは全く異なっています。

わたしたちは、テレビや映画で、ドラマ性を高めるためにクローズアップを使ったり多くの編集をほどこす映像に慣れているので、自分で撮影するときも、つい人物をアップにしたり、カメラの位置やアングルを頻繁に動かしたくなります。しかし、こうしたカメラ操作は、少なくとも演出を目的としない限り、データの収録では不要です。

あとでデータ分析をするときに重要なことは、分析に必要なことがすべて映っていることです。たとえばコミュニケーションにおける視線を分析するには、その視線がどこを向いているのか、他の参加者の動作や視線とどんな関係にあるのかが収録されていなければなりません。幸い、最近のカメラは解像度が高いので、多少離れたところから撮っても眼球の動きや指の動きまでわかります。台数に余裕があるなら、それぞれの参加者の上半身を捉えるカメラと、全体を捉えるカメラをそれぞれ用意するとよいでしょう。参加者があちこち移動しないのであれば、カメラの位置やアングルは固定しておくと、あとでビデオを見直すときに目が楽です。また、背景が固定されていれば、画素の動きから身体動作を計測する（第14章）ときに役に立ちます。

参加者が頻繁に移動するフィールドワークの場合には、手持ちのカメラで人物を追い、必要に応じてズームアップを使うことが必要になります。その場合も、ドラマチックな演出を狙ったり気まぐれにカメラを移動したりするのではなく、撮るできごとを一貫させることを心がけましょう。断片的な場面がいくつも収録された映像より、ひとつのできごとの一部始終が収録され、関わった人の行動がよくわかる映像の方が、分析には適しています。二人以上で撮影しているのであれば、一人は離れて参加者全員を撮り、もう一人は作業の手元を撮るなど、役割を分担するとよいでしょう。

2.3. 音声収録とカメラ位置の決定

音声を収録するいちばん簡単な方法は、ビデオカメラの音声マイクをそのまま使う方法です。映像と同時に収録されるので、同期をとる必要もありません。

しかし、この方法には一つ難点があります。それは、カメラが離れれば離れるほど、音声がクリアではなくなること、そして、複数の参加者の音声が混じってしまうことです。会話分析では、複数の人が同時に話しているときのわずかなタイミングのずれや、小さな呼気や吸気音が問題となることがありますが、一つのマイクで拾った音声では、こうした微細な音を選り分けるのは困難です。実験室ならば、ワイヤレスマイクなどを用いて、参加者の声をそれぞれ別々のチャンネルに収録するとよいでしょう。あるいは、ICレコーダーなどの携帯しやすいマイクをそれぞれの参加者に持ってもらう手もあります。テーブルを囲んで会話をしているならば、テーブル近くにマイクを置くだけでも、カメラのマイクよりはクリアになることがあります。具体的な方法は2.7.を参照して下さい。

2.4. 同期のためのキュー入れ

撮影と録音を別の機器で行った場合、あとで同期をとる必要があります。同期をとるには、瞬間的な動作とともに音声が鳴るような手がかり、たとえばカチンコや拍手、指鳴らしなどを使います。また、これらの手がかりをもとに、映像、音声の両方を編集する必要があります。

同期については2.8.および4節で論じます。

2.5. 映像機材の設定

映像機材の準備でのポイントは、各機材の設定、特にフレームレートに関する設定を確実に揃えておくということです。設定が相互に異なる映像・音声を同時に扱うのは再生・コマ送り時にズレが生じて解消できなくなるといったトラブルのもとになりますし、原因の特定も困難になります。ここでは映像の設定で用いられる用語「フレームレート」「インターレース／プログレッシブ」について解説します。

2.5.1. フレームレート

フレームレートは単位時間あたり何枚の連続静止画像が処理されるかを示す数値で、多くの場合1秒間のフレーム数fps (frames per second) で表示されています。代表的なものは29.97fpsや59.94fps（どちらも丸めて30fpsや60fpsと呼ばれることもあります）などで、数値が大きいほど映像が滑らかになります[1]。

身体動作と発話を同じ分析の俎上に載せようとすると1.3.と1.4.で解説されているように再生時間の密度・精度が問題になってきます。できるだけ高い精度での、極めて微細な身体動作に注目した分析を考えているなら60fpsでの収録がベターでしょう。2019年現在、60fpsでの撮影が可能な市販品が多く出回っています。

2.5.2. インターレース(i)／プログレッシブ(p)

ビデオカメラの映像にはフレームレート以外にも重要な仕様があります。60i、30pや60p、といった表記を見たことがあるでしょうか。この表記に含まれるiやpといった記号はそれぞれインターレース（interlace）、プログレッシブ（progressive）という映像の表示方法に関わる仕様を意味しています。インターレース方式は見かけ上のフレームレートが稼げるため、動きの多い対象を撮影しても再生時の滑らかさが確保できる一方、コマ送り再生をすると画像の粗さがかなり目立ちます。これはELANを使った映像分析をするにあたって大きな問題になります。プログレッシブ方式は動きの多い対象を撮影しても停止した際の鮮明さを確保でき、30fpsでも分析に用いるのに充分な程度には滑らかですし、60fpsであればさらに滑らかな映像になります。そのため2.5.1.で説明したのと同様の理由で、収録にはプログレッシブを選択することを強くお勧めします[2]。

2.6. 収録のセッティング

【カメラの配置】

カメラの配置は、人に見せるためのデータを作るのか、分析のためのデータを作るのかによっても違ってきます。最初にこの点をはっきりさせておきましょう。たとえば、分析のためのデータを作るという観点からは、協力者それぞれの身体が画角内に完全に捉えられる、また動かしている手が画面か

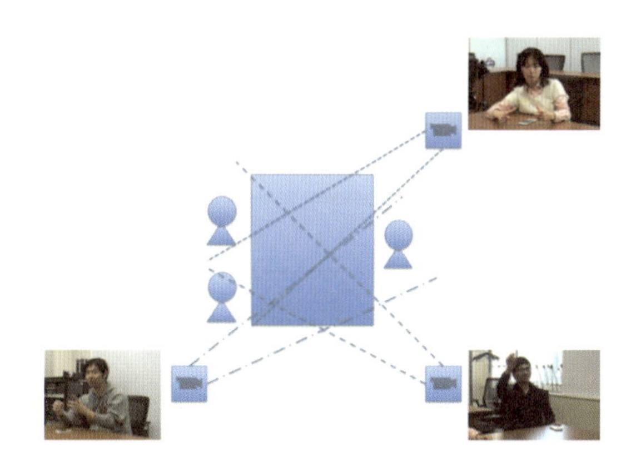

［図1］
サンプルデータ収録時のカメラ配置

ら消えるということがないようにある程度余裕をもった画角で撮る、などを勘案してカメラ配置を決める必要があります。本書で使用しているサンプルデータは、図1のような配置・画角で収録しています。

なおこの時、参加者全員が映っている4台目のカメラを用意しておくと空間的な配置が復元しやすくなります。全体を見渡すことができるようになるので、たとえば参加者Aがこの動きをしているときに参加者Bが何をしているのか、といったことが確認しやすくなります。またプレゼンテーションなどで人に見せるためのデータ作成ができるので、機材に余裕があれば用意しておくとよいでしょう。

2.7. 録音機器

音声データはビデオカメラで収録したデータを加工してWAVファイルにするのが一つの選択肢です。WAVファイルであればELANに搭載されている波形表示機能が活用できます(第2章を参照)。

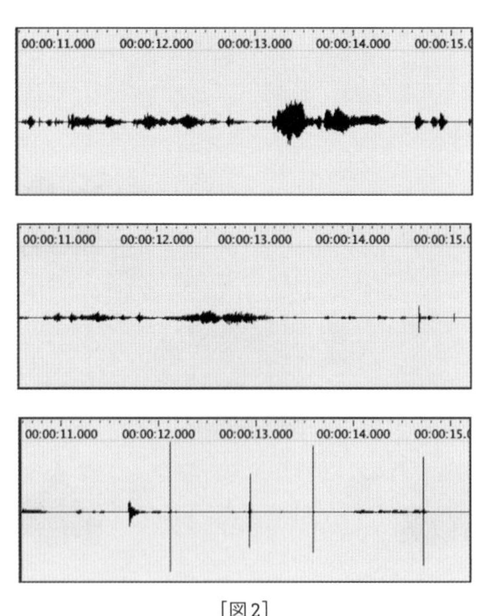

[図2]
各協力者の音声がよりよくわかる波形データ

個別の録音機器（指向性のあるもの）を使い、各協力者の音声をクリアに録音するのが最も望ましい方法ですが、かならずしも指向性マイク等の機材にこだわる必要はありません。具体的には、スマートフォンに付いているヴォイスレコーダー機能を利用してもよいでしょう。機器は各協力者の着座位置の近くに、マイク部分を協力者の方に向けて置けば、充分に利用しやすいデータを用意することができます。「他の録音と比べて特定の話し手の発話がよく録れている」というくらいでも、図2のようにそれぞれの話し手の特徴的な波形を得ることができます。

2.8. キューを利用したデータの同期

別々の機材で収録したデータを同期させる（すべてのデータを同じタイミングで再生できるように調整する）のはそれなりに骨の折れる作業ですが、ちょっとした工夫をすることで、この負担をいくらか軽減することはできます。

波形・映像ともに同期点がもっともわかりやすいのは拍手やカチンコ、指鳴らしによるキューです。キューを出すときのポイントは、すべてのカメラに手やカチンコが映っているかどうか、録音機器のマイクが録音可能な状態にあるかどうかを確認した上で、できるだけ鋭い動き・鋭い音を出すことです。理由は以下の画像を見ていただくと一目瞭然、音声波形の場合はキューを入れた位置の波形が非常に際立っていることがわかると思います。

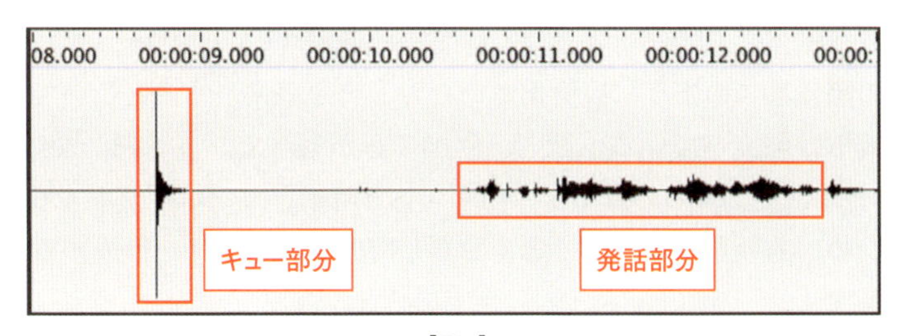

［図3］
キューとなる波形と発話の波形の比較

また動画を1フレームだけ動かした状態を比較してみると、指鳴らしの場合であれば、以下の図4のようにかなりはっきりと音のした位置を映像上で特定することができます。

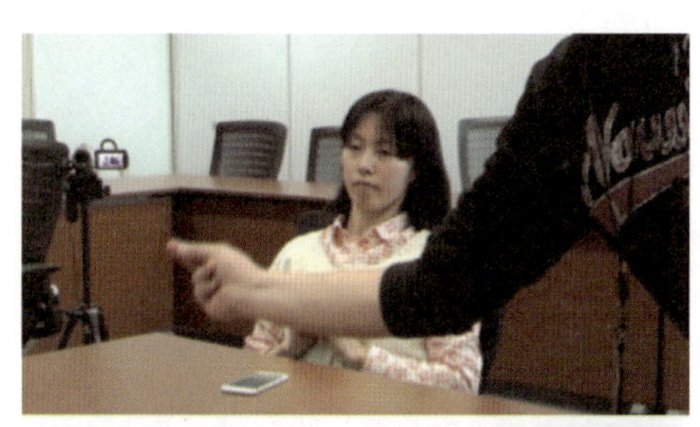

[図4]
音のなる直前のフレーム(上)と 音の鳴っている箇所のフレーム(下)

同期の際にはこのように視覚化されたキューを基準にするとよいでしょう。つまり波形が際立っている位置と、動画で音が鳴っている(手や指が接触している)フレームを合わせるわけです。同期すべき時刻をピンポイントすることができるため、前後を切り取ることでおなじ時間幅のデータを作成するのが容易になります。

またキューを入れる別の手段としては、図5のように、実際の収録開始前に使用する機材すべてを一箇所に集め、音と映像のキューを入れる方法が考えられます。

この方法のメリットは、キューがすべての機材に確実に入っているかどう

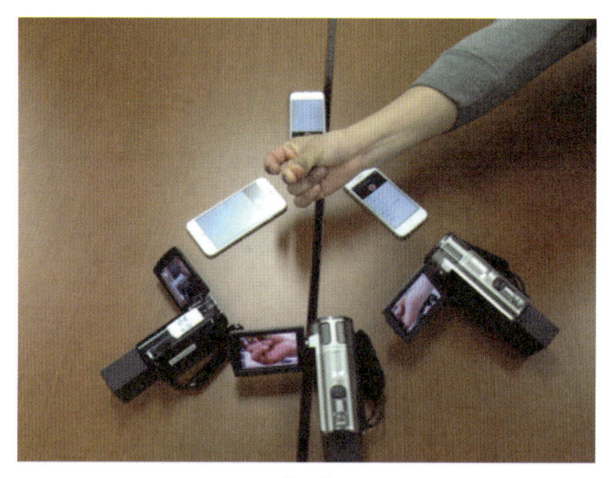

［図5］
機材を一箇所にあつめてキューを入れる方法

かの確認がしやすいことと、調査者が収録開始直前にその場にいる必要がないということです。収録しようとする場面の性質によっては、調査者がその場にいる（協力者と顔を合わせる）ことが望ましくない場合もあるかもしれませんので、調査の内容や協力者に合わせた方法を選択しましょう。また実際の収録開始よりも前から機材を動かすことになるため、残りの記録容量に注意が必要です。

3 ビデオカメラのデータをパソコンに取り込む方法

現在市販されているビデオカメラの多くは内蔵メモリを備えているため、USBケーブルでPCとビデオカメラを接続するだけでも録画されたデータを取り込むことができます。接続するとビデオカメラの内蔵メモリが外付けHDDとして認識されるので、フォルダを開いていき目的のファイルをPCにコピーしましょう。録画されたデータはたいていの場合AVCHD → STREAMと進んでいくとmtsという拡張子を持つファイルとして保存されています。Mac環境ではAVCHDフォルダがファイルとして認識されるため、AVCHDファイルを右クリックして「パッケージを開く」を選択してください。これを動画形式の変換ソフトウェアを利用して他の形式に変換するとよいでしょう。

ファイルの変換には有料・無料を問わず様々なソフトウェアが利用可能ですが、Windows環境ではXMedia Recodeというフリーウェアが便利です。コーデックの選択は動画をXvid、音声をmp3にして形式をAVIファイルとして書き出しておくと、たいていのWindows環境で問題なく再生できるはずです[3]。変換の詳しい手順についてはウェブサイトに掲載しておきますので必要に応じて参照してください。

XMedia Recodeの配布先：http://www.xmedia-recode.de/

4 ELANを使わないデータの同期の取り方

ELANには「メディア同期モード」という機能が搭載されており、(第3章6節を参照) ELAN上で開始点の異なるデータを同期することができますが、断片を切り出す作業が発生する可能性を考えると (1.5.を参照)、単純に開始点のそろった同期済みデータを作成して読み込むほうが使い勝手がよいでしょう。

4.1. 映像の開始点を編集する

【Mac環境の場合】

Mac環境でQuickTime動画の開始点を編集するには、QuickTime Playerの「トリム」機能を使うと便利です。QuickTime Playerのプルダウンメニューから **[編集]** → **[トリム…]** を選びます (図6)。

動画の下に横長に各コマが表示されます (図7)。黄色い枠の左端が開始点、右端が終了点ですので、左端を左右にドラッグして開始点を調節します。最初はごく粗い時間単位で左右を行き来できますが、狙った時間あたりでしばらくマウスを止めていると、コマ表示がぐっと横に広がり、今度は1コマ単位で調節できます。

【Windows環境の場合】

同期されたデータを作成する方法は動画編集用のソフトウェアを用意して開始点を合わせるというのが一般的な方法ですが、Windows環境では3節で

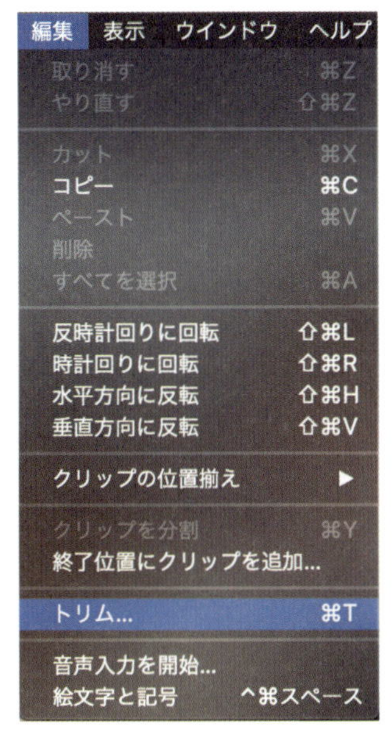

［図6］
QuickTime Playerの「トリム」メニュー

［図7］
QuickTime Player トリム画面で開始点をドラッグ中にしばらく停止していると、
コマ表示が横に広がり、１コマ単位で調節できるようになる。

紹介したXMedia Recodeで変換する部分の開始点・終了点を予め指定することでも作成が可能です。

XMedia Recodeは図8のようなインターフェースを持ったソフトウェアです。編集したい映像は、ファイル名やチャプターといった情報が表示されているエリアにドラッグアンドドロップするだけで登録することができます。

登録後は「クロップ／プレビュー」と書かれたタブを選択すると、簡易的な切り出し作業が行える画面が表示されますので、シーケンスバーを移動させながら開始時刻と終了時刻を「[」と「]」ボタンを使って決めていきます。

決定後は動画形式の変換と同様に、**[変換リストへの追加]** → **[エンコード開始]** という手順で指定した区間だけが出力されます。

4.2. 音声の開始点を編集する

音声の開始点を編集するには、波形編集ソフトを使います。Audacityなどのフリーソフトを使うとよいでしょう。AuadcityはMac版/Windows版が用意されたマルチプラットフォーム対応のソフトウェアですので、いずれの環境でも同じやり方で使うことができます。

開始点を決定するには、2.8.で紹介した「キュー」の頭で編集します。

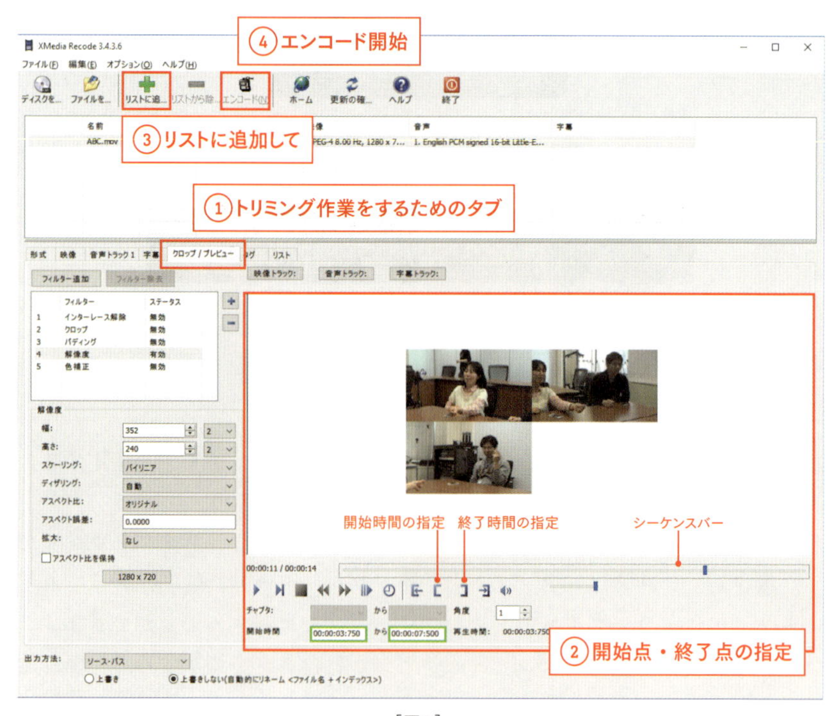

[図8]
XMedia Recodeの操作画面

本章のまとめ

- **音声と映像のデータの違い**

  時間の精度が高いのは音声、単位時間あたりの情報量が多いのは映像。

- **ELANをスムーズに動かすには**

  映像の容量をある程度節約する。

- **データ収録では**

  演出よりデータを重視。

- **映像の設定では**

  フレームレート、インターレース／プログレッシブの違いに注意。

- **収録では**

  カメラ位置、マイク位置に配慮する。

- **カメラとマイクを別にする場合は**

  あとで同期をとる。

- **同期には**

  カチンコ、指鳴らしが便利。あとで映像と音声の開始点を編集する。

注

1 身近な例を挙げると映画は24fpsとなっています。一方ボールを打ち返す打者の動きや、ボールとバットが接触する瞬間をハイスピードカメラで撮影した映像などを見たことがあるかと思いますが、これらは1000fpsを超えるものがあります。こういった映像を思い浮かべていただけるとfpsに一定の注意を払う必要があることが理解しやすいかもしれません。

2 当然ですが30pよりも60pのほうがデータのサイズが大きくなります。60pの動画をスムーズに再生することが難しい場合は、1.5.や3節を参照してデータサイズを縮小することを検討してください。また動画再生の滑らかさはある程度PCのパワーに依存しますので、注意が必要です。

3 Windows環境でELANを利用する場合は、経験的にAVI形式を利用するとスムーズです。特にコマ送り・コマ戻しでのひっかかりが、他の形式を使った場合と比べてかなり軽減できます。

PART 2

中級編

行動を研究する基本的な手続きに、行動をいくつかのタイプに分けて記号で表していく「コーディング」、コーディングに基づき頻度や時間長などを測る「測定」、そして観察時間を等間隔に割って分析する「時間サンプリング」があります。第2部ではこれらの作業をELANで行うための方法を紹介します。

05 コーディング
管理語と上位／下位の層

ELANの長所の一つは、気軽に層を作って、アイディアをどんどん入力していける点です。しかし一方で、正確に効率よく記号を入力するのもELANの得意とするところです。そこで、この章では、入力に便利な「管理語」の機能を説明します。また、入力された注釈の下にさらに注釈をつけたり、注釈に階層構造をつけるときに便利な「上位／下位」の層についても説明します。

1 管理語：視覚的で簡単なコーディング

1.1. コーディングを簡略化する必要性

一般に、一つ一つのできごとにあらかじめ定義しておいた分類に従って簡単な記号を付けていく作業のことを「コーディング」と呼びます。コーディングには、ELANが大きな威力を発揮します。ELANを使えば、映像、そして音声の波形を見ながら、一つ一つのできごとに対して記号を入力することができます。また、範囲指定するだけで、できごとの開始点、終了点、時間長を簡単に記録できます。

分析の段階でもELANは役に立ちます。一度コーディングした動作をすばやく呼び出し、動きの細部を確認したり他のモダリティとの関連について考えたりすることは、質的分析の最も重要な作業です。また、ELANには簡単な統計機能があり（第6章参照）、コーディングの済んだ動作について、どの種類のできごとがどれくらいの頻度で現れるか、それらがどんな時間長かを手軽に知ることができます。

コーディングにあたっては、まずできごとをいくつかのタイプに分類します。たとえば、ある長い会話の中で、一人の人物が笑っているかどうかを記号で表していくとしましょう。簡単な分類としては、笑いなし／微笑（声のない笑い）／哄笑（声のある笑い）の三つのタイプが考えられるでしょう。そこで、0：笑いなし／1：微笑／2：哄笑、という記号入力を考えます。

さて、これらの記号をひたすら手打ちしていくとどうなるでしょうか。

データ入力を正確に行うことはコーディングの必須条件です。しかし、いくつも入力するとミスが生じてしまうものです。たとえば、1と2を打ち間違える。自分でも気づかぬうちに途中から表記が変わって数字がアルファベットになっている。いつの間にかことばで「微笑」と入力していたりする。こうした打ち間違いは、大量のコーディングをしたことのある人なら何度か経験しているでしょう。何人かで手分けしてコーディングをすると、打ち間違いの可能性はさらに大きくなります。メディア分析の教科書には、こうした混乱を避けるべく、「コーディングの監督者は決められた記号を表にして配りなさい」と記されています（Riffe et al. 2013）。

人為的なミスはゼロにはできませんが、減らすことは可能です。もしも記号を簡単なキーで入力するしくみがあり、どの記号がどういう意味かそのつど画面に表示され、パソコンの側が決まった記号だけを受け付けてくれれば、もっと入力ミスは減り、表記を統一しやすくなるでしょう。これを可能にしてくれるのがELANの「管理語」です。

管理語は、最初の設定がちょっと面倒ですが、一度設定してしまえばたいへん便利です。いくつもの映像や音声データをおこすと、注釈の数が数百、数千、ときには万に及びますが、管理語を使えば、大量の入力作業もはかどり、目にも楽しくなります。あとで入力済みの表記を一気に変更することもできます。しかも、いったん定義した管理語は第2章で述べたテンプレートで保存でき、別の新しい分析でも使うことができます。

1.2. 管理語を定義する

では管理語の使い方を見ていきましょう。

話を具体的にするために、先に挙げた笑いのコーディングを例として考えます。

入力に用いるのは

0：笑いなし

1：微笑（笑い声なし：Smile）

2：哄笑（笑い声あり：Laughter）

の三つの記号です。そこで、これらの入力記号を、「管理語」で定義します。

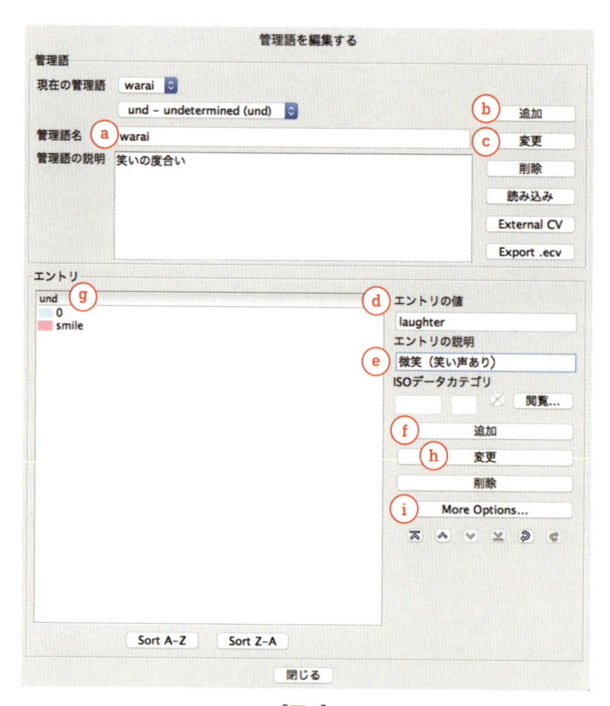

［図1］
「管理語を編集する」画面。
上段の追加ボタンと下段の追加ボタンはそれぞれ役割が異なるので注意。

【管理語の編集】

❶**［編集］→［管理語の編集...］**を選んで下さい。「管理語を編集する」の画面が表れます（図1）。

❷「管理語名」を入力します（図1a）。ここでは「warai」としておきましょう。

❸「管理語の説明」は、あとでわかりやすいように「笑いの度合い」としておきましょう。この時点で管理語名の「追加」ボタン（図1b）を押します。

❹下の「エントリ」枠に、記号を入力していきます。「エントリの値」(図1d)にはたとえば「0」を、「エントリの説明」(図1e)には「笑いなし」を入力します。入力し終わったら必ずエントリの「追加」ボタンを押します(図1f)。

❺他の記号についてもそれぞれ値と説明を入力します。(図1g)のようにそれぞれの記号が縦一列にならびます。ちなみにこれらの値は注釈の入力後にも変更でき、変更内容は全注釈に反映されます。

❻ここまでで終えることもできますが、せっかくなのでもう一手間かけましょう。登録済みのエントリ記号を選んで、いちばん下の「More Options...」(図1i)をクリックします。

❼「Entry Shortcut Key」(図2a)に、入力に使いたいショートカット・キーを入力します。それぞれの記号と同じものを入れると間違いが少なくてよいでしょう(ちなみに、ショートカットとして数字キーを割り当てると、片手で記号を入力しながらもう一方の手でマウスやパッドを操作でき、すばやくコーディングできます)。

❽「Entry Color」の「閲覧」ボタン(図2b)を押すと、色の選択画面となり、それぞれの記号に色を割り当てることができます。これを登録しておくと、入力を視認するのが楽になるだけでなく、分析の際に思わぬパターンを視覚的に発見できます。「Swatches」(図3)を押して好みの色を選んで下さい。

❾「適用」ボタンを押せば、ショートカット・キーと色が登録されます。

❿最後に「変更」ボタン(図1h)を押します。これを忘れるとエントリの入力が反映されないので注意しましょう。

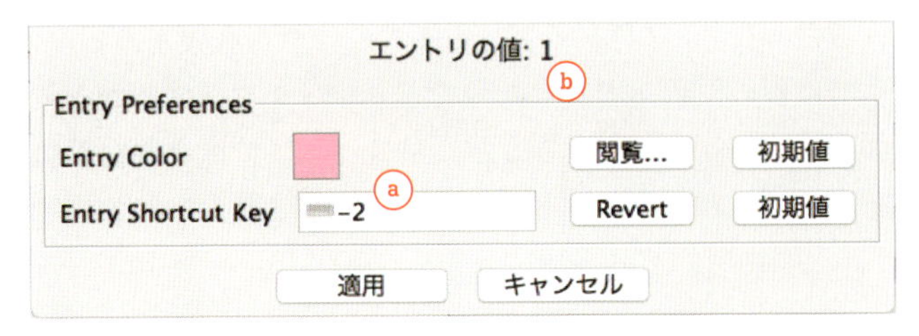

[図2]
「管理語を編集する」の「More Option」画面。ショートカットキーを割り当てているところ。

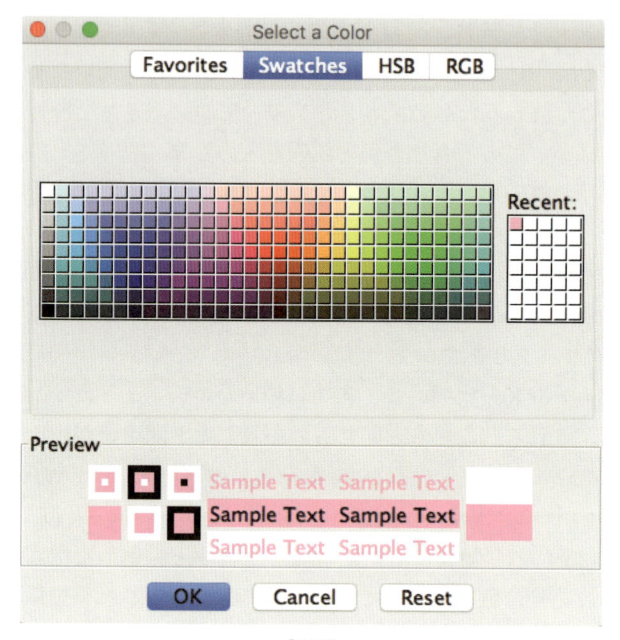

［図3］
管理語の「色指定ボタン」を押し、「Swatches」を選択したところ。

1.3.　言語タイプ（層タイプ Tier Type）を定義する

いよいよ入力…と言いたいところですが、もう一つやることがあります。それは「言語タイプ（層タイプ Tier Type）」の定義です。ELANでは、管理語と層を結びつけるために、「言語タイプ」を指定してやる必要があるのです。「言語タイプ」では層の注釈をどんな記号でどうレイアウトするかを設定するのですが、詳しい説明は1.4.に譲ることにして、ここでは必要な手順だけ述べましょう。これを忘れるとエントリの入力が反映されないので注意しましょう。

【言語タイプの追加】

❶**[言語タイプ] → [新規言語タイプの追加]**。「言語タイプの追加」画面が表れます。最初は「default-lt」という初期設定だけが表示されています。

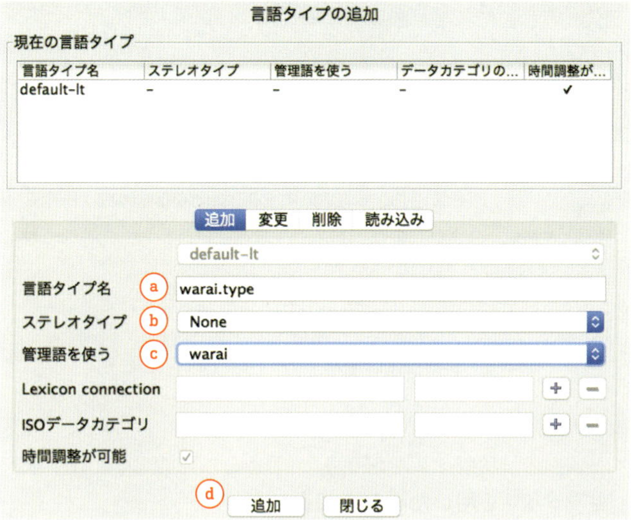

[図4]
「言語タイプの追加」画面

❷「言語タイプ名」欄に適当な名前を入力。ここでは「warai.type」としておきます（図4a）。
❸「ステレオタイプ」の右横「None」をクリック。いろいろ選択肢が出てきますが、ここは「None」を選びます（図4b）。「ステレオタイプ」については、2節で詳しく説明します。
❹「管理語を使う」の右横「None」をクリック。さきほど定義した「warai」が選択肢に表れるので、これを選びます（図4c）。
❺あとは入力せずに、一番下の「追加」ボタン（図4d）を押します。
❻上の欄に「warai.type」という新しい言語タイプが表示されます。

1.4.　層に言語タイプを割り当てる

さてもう少しです。新しく層を作り、上で作った言語タイプを割り当てます。既存の層に言語タイプを割り当てることもできます。

まず層を新しく作りましょう。

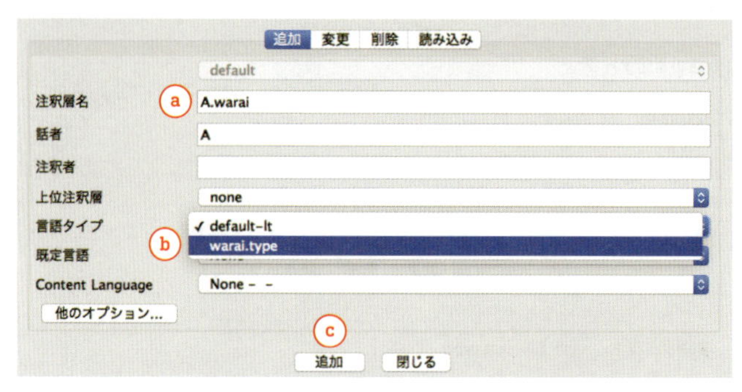

［図5］
「注釈層の追加」画面。言語タイプを選んでいるところ。

【管理語、言語タイプを用いた層の追加】

❶**［注釈層］→［新規追加...］**で、「注釈層の追加」画面を表示します。
❷「注釈層名」に適当な名前をつけます。ここでは「A.warai」（図5a）としましょう。
❸「言語タイプ」の横の「default-lt」をクリックして下さい。さきほど作った「warai.type」という言語タイプが表示されるのでこれを選択します（図5b）。
❹「追加」ボタン（図5c）を押して終了です。

ちなみに、層の属性を変更するときも、同じ要領で「言語タイプ」を選べば管理語が使えます。

1.5. 記号の簡易入力

下ごしらえはけっこう面倒でしたが、ここからようやく報われます。試しに新たに作った層に何か注釈を作ってみて下さい。これまでと違って、空欄が空く代わりに管理語に登録した記号のリストが現れます（図6）。マウスを動かしてクリックすると、選んだ記号が注釈に入力されます。

もしショートカットを登録してあれば、いちいちマウスで選択しなくても、キーを押すだけで入力が済みます。色を登録してあれば、カラフルな注釈となります。色をつけることによって、入力を見やすくできるだけでなく、データの構造が一目で見てとれ、分析に役立ちます（図7）。

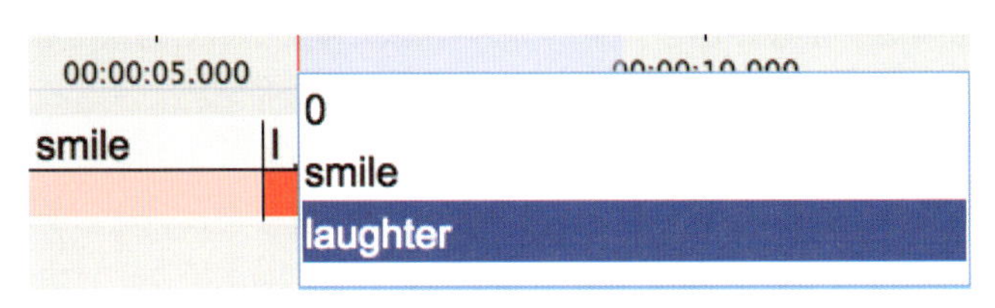

[図6]
管理語を使った注釈入力。入力の際に自動的に用いる記号がメニューで表示される。

[図7]
「管理語の編集」の「More Options」で、笑いなし(0)を水色に、微笑(smile)をピンクに、哄笑(laughter)を赤に設定した場合。層全体を見ると微笑の前後に哄笑が時間分布していることがはっきり視覚化される。

管理語と言語タイプの入力はなかなか大変ですが、何度もやる必要はありません。一度定義してしまえば、他の層でも同じ管理語や言語タイプを利用できます。また、途中で記号を増やしたくなった場合、あるいは色を変えたくなった場合は、管理語を編集すれば済みます。ファイルをテンプレートとして保存しておけば（第2章参照）、他のELANファイルでテンプレートを読み込むことで同じ管理語と言語タイプを読み込むことができます。

2 下位層：注釈にさらに注釈を

一つのできごとに対して、注釈は一つとは限りません。たとえば、できごとを簡単な注釈として表した上で、さらにそこに別の説明を加えたいときがあるでしょう。あるいは、単語の中にいくつもの細かい音韻をコーディングしたい、動作の中にいくつもの細かい微動作を考えたい、という風に、できごとの内部にさらに細かいできごとを記述したいときも出てくるでしょう。

こうした細かいできごとをすべて一つの注釈に埋め込むこともできます。しかしこのやり方は、あとで量的分析をする場合には考え物です。たとえば、ある動作に「S」という記号を割り当てた後で、いやもう少し説明を加えたいと考えて「S：振り上げてちょっと方向転換」などと長い注釈を入れたとしましょう。すると、注釈を集計するときに、「S」「S：振り上げてちょっと方向転換」「S：小さい移動距離」など、さまざまな注釈が混在し、記述ごとに集計が別扱いになってしまいます。これではせっかく「S」という記号を作ったかいがありません。むしろ、シンプルに「S」とだけ注釈を入れておき、それ以外の説明は別の層で行ったほうがよいでしょう。

その一方で、すでに作成済みの注釈に対して説明を書き込むのに、別の層にわざわざぴったり同じ範囲の注釈を作るというのは、いかにも手間がかかりそうです。そこで、この範囲指定の手間を省くために、ELANでは「下位（注釈）層」という機能が用意されています。下位層を使えば、すでにコーディングを行ったできごとに対して簡単に別の注釈を加えることができます。

2.1. 言語タイプとステレオタイプ

下位の層を作る手順は、新規の層を作るときとほぼ同じですが、下ごしらえとして、新規の言語タイプを一つ作っておく必要があります。手順は以下の通りです。

【下位層を作るための言語タイプの追加】

❶**［言語タイプ］→［新規言語タイプの追加］**。「言語タイプの追加」画面が表れます。

❷「言語タイプ名」欄に適当な名前を入力。ここでは笑いが誰に向けられてたかでタイプを分けたいので「warai.direction」としておきましょう。

❸「ステレオタイプ」の右横「None」の表示をクリック（図8）。上位の注釈に対してどのような時間幅をとるかについて、以下の選択肢が出てきます。

- None：上位の注釈の時間幅とは無関係に注釈を作ります。
- Time Subdivision：上位の注釈の時間幅を好きな幅で分割できます。ただし隙間を作ることはできません。
- Included in：上位の注釈の時間幅を好きな幅で分割できます。隙間を作

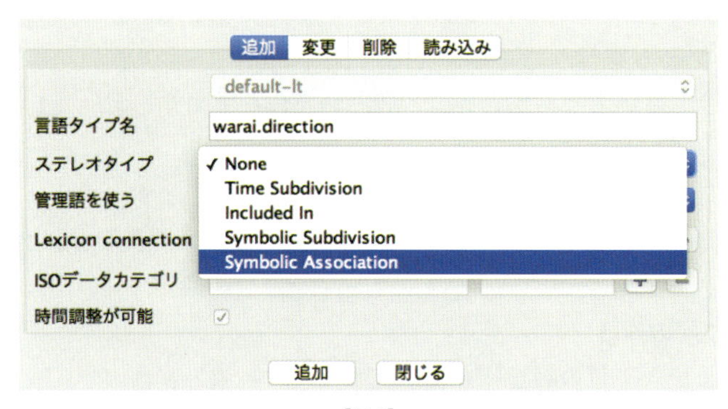

［図8］
言語タイプのステレオタイプを選択しているところ。

上位の注釈

Time Subdivision　A　B　C　D

Included in　A　B　C　D

Symbolic Subdivision　A　B　C　D

Symbolic Association　A

［図9］
「言語タイプ」における各「ステレオタイプ」の違い。
上位の注釈に対してどのような幅で下位の注釈をつけるかで４種に分かれる。

ることもできます。

- Symbolic Subdivision：上位の注釈の時間幅を均等な幅に分割します。
- Symbolic Association：上位の注釈の時間幅と全く同じ幅の注釈を作ります。

それぞれのステレオタイプを選んだときの注釈の並び方を図示すると図9のようになります。

ここでは、「Time Subdivision」を選びます。これで、上位層の注釈と同じ時間、幅の中に、複数の注釈を分割して書き込めます。

❹「管理語を使う」の右横「None」をクリック。ここでは記号入力を用いない自由な入力を行うことを想定して、「None」を選びます。分類項目がはっきりしているならあらかじめ管理語を作っておくとよいでしょう（1節参照）。
❺あとは入力せずに、一番下の「追加」ボタンを押します。
❻上の欄に「warai.direction」という新しい言語タイプが表示されます。

2.2. 下位層の作成

次はいよいよ下位の層を作ります。

【下位の層をつくる】

❶**[注釈層] → [新規追加...]**。「注釈層の追加」が表示されます（図10）。
❷適当な注釈層名、話者を入力する。ここでは「A.warai」の下位に注釈を付けるので、名前を「A.warai.direction」としておきます（図10a）。
❸「上位注釈層」の右横「None」をクリック。ここでは先に作った動作フェーズの層「A.warai」を選びます（図10b）。
❹「言語タイプ」として、先に作った「warai.direction」を選びます（図10c）。なお、層の言語タイプはあとから変更できないので注意しましょう。
❺「追加」ボタンを押します（図10d）。

これで、動作の記号を入力する上位層と、その下にぶらさがり自由な記述を入力できる下位層ができました。

2.3. 全ての参加者について上位／下位層を一つ一つ作らなくともよい

第3章の1.1.「参加者を増やす」を参照して下さい。簡単な操作で、一人の参加者の上位／下位層の構造をそっくりそのまま、他の参加者に対しても作れます。

3 下位層での注釈の作り方

下位層に注釈を入力するには、まず見やすいように、層の順番を入れ替え

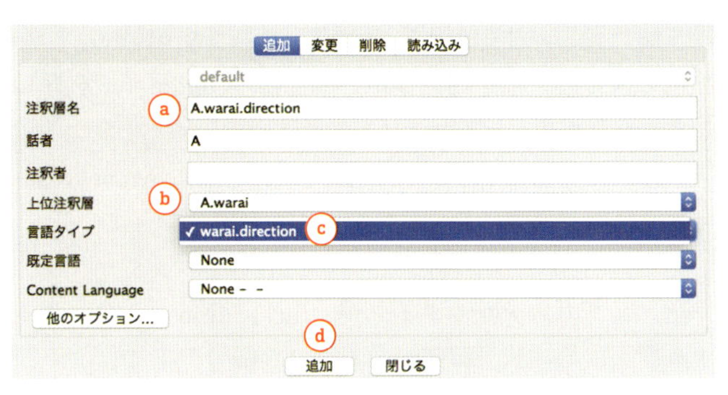

［図10］
下位の層を追加しているところ。

て、上位層の真下に層を移動させます（第3章参照）。

下位の層に注釈を入力するとき、どのように時間範囲を指定できるかは、言語タイプの「ステレオタイプ」をどう設定したかによって違ってきます。

もし、言語タイプのステレオタイプで「Symbolic Association」を選んでいるのであれば、話は簡単、上位に注釈があるあたりで下位の層をダブルクリックすれば、自動的に同じ範囲に注釈入力ができます。

言語タイプのステレオタイプが「Time Subdivision」「Included in」「Symbolic Subdivision」の場合は、上位の注釈に対して複数の注釈を書き込むにはちょっとコツがいります。

【下位層で注釈を追加する】

❶第一の注釈は自動的に上位の注釈と同じ時間幅で入力されます（図11a,b）。

❷さらに細かく分割して同じ上位注釈の下に第二の注釈を入力したい場合は、第一の注釈の上で右クリックすると、

・ここ新規注釈を作成（既存の注釈を上書き）

・前に新規注釈を作成（既存の注釈の直前に新しい注釈を挿入）

・後ろに新規注釈を追加（既存の注釈の直後に新しい注釈を挿入）

という選択肢が現れます（図11c）。

❸ここでは「後ろに新規注釈を追加」を選びます。第一の注釈の幅が半分に

なり、後ろ側に第二の注釈の入力欄が表示されます（図11d）。

❹第二の注釈を入力後、幅を調整したい場合は、Optionキーを押しながら境目にカーソルを合わせると、カーソルの形状が両矢印へと変化するので、適当な位置に開始点を移動させます（図11e）。ただし、「Symbolic Subdivision」では、自動的に幅が均等に決まるので、この調整はできません。

なお、言語タイプのステレオタイプが「Included in」の場合は、適当な範囲を選択すれば上位の注釈の時間幅内を好きな幅で分割できます。ただし、上位の時間幅をはみ出た場合は自動的にその部分は切り捨てられます。

以上のコツに注意した上で、先に作った「A.warai.direction」の層に下位の注釈を書き加えていくと、図12のようになります。上位の層（A.warai）のそれぞれの注釈に対して、下位の層（A.warai.direction）には笑いの向けられた相手を記しておくようにしました。ステレオタイプとして「Time Subdivision」を選んだので、一つの上位注釈に対して、複数の注釈が隙間なく並んでおり、それぞれ異なる時間幅になっています。

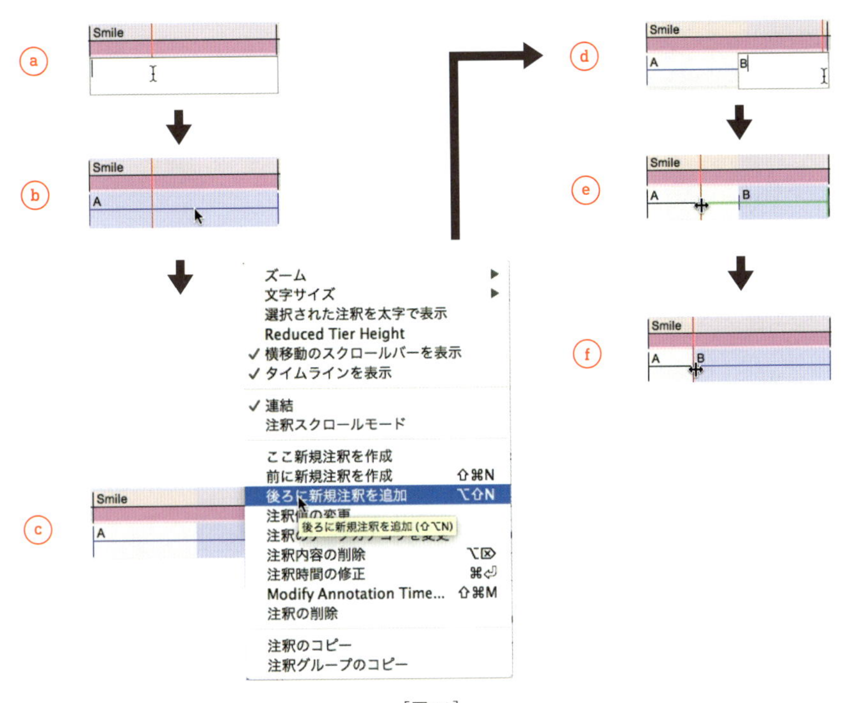

［図11］
言語タイプのステレオタイプを「Time Subdivision」に設定した場合の注釈の追加方法。最初は上位と同じ幅の入力欄が表示される(a)ので、とりあえず入力して確定する(b)。この第一の注釈上で右クリックするとメニューが表示される(c)ので、「後ろに新規注釈を追加」を選ぶと、第一の注釈の直後に入力欄が表示される(d)。これもとりあえず入力して確定し、あとでOptionキーを押しながらカーソルの形状が変更したら(e)範囲を変更する(f)。

A.warai [10]	laughter	smile		lau	smile		
A.warai.direc [8]	C	C	B	C	C	手元	Cの手元

［図12］
上位の層「A.warai」のそれぞれの注釈に対して、下位の注釈を書き込んだところ。

本章のまとめ

- **大量のデータをコーディングするには**

管理語を使うと便利。

まず管理語を定義する。あとから変更も可。

次に言語タイプを定義する。

コーディングしたい層に言語タイプを割り当て、管理語と結びつける。

- **コーディングを視覚化し入力しやすくするには**

「More Options」のショートカットと色指定が便利。

- **コーディングし終わった層に対して記号以外の注釈を加えたいときには**

位の層を新たに作るとよい。

- **下位層を作るには**

言語タイプで「ステレオタイプ」をうまく選ぶのがコツ。

- **参加者が多いとき、下位層が多いときは**

一人の上位／下位層だけ作って、あとは参加者を増やせばよい。

- **下位の層に注釈を入力するには**

上位層の注釈付近で右クリック。

06 行動を測定する

1 行動を測るための要素

コーディングが済んで、一つ一つの行動がどこからどこまで起こったかを記し終えると、その先にはさまざまな分析の可能性が広がっています。たとえば会話の一つ一つの発話について、開始点から終了点までを範囲づけ、注釈を入力したとしましょう。手元には、さまざまな発話の開始時刻、終了時刻がデータ化されていることになります。これらは、会話を定量分析するための強力な手がかりです。データを使って、誰がどれだけしゃべっているか、誰と誰の発話がどれくらい重なっているか、どれくらい沈黙が起こっているか、などなど、いくつもの問題を扱うことができるようになります。

一般に、コーディングが終わったなら、次にやるべきことは行動を測ることです。ジョンストンらは、行動研究の教科書で、行動を測定するときのさまざまな要素を次の三つにまとめています（Johnston et al. 2010）。

【行動測定のための三つの要素】

(1) 繰り返し性 Repeatability：数え上げることが可能なできごと。特定の行動の頻度、行動全体に対する特定の行動の割合など。

(2) 時間的広がり Temporal extent：行動の時間長 duration。行動の開始から終了までにかかった時間、観察時間に対して特定の行動の占める時間の割合など。

(3) 時間的位置 Temporal locus：ある行動の別のできごとに対する相対的な時間の位置。たとえば、発話の開始に対して動作の開始がどれくらい先行するか／遅れるか、ある人の発話終了から次の人の発話開始までどれくらい遅延（沈黙）があるかなど。

これら三つの要素は、いずれもELANで測定することができます。この章では、ELANで行動を測定するための基本的なテクニックを紹介します。

2 注釈の集計、統計

2.1. 注釈の集計

ある程度注釈が入力できたら、入力したものをざっと確認したくなります。そんなときには、メニュー・バーから **[表示]** → **[注釈の集計表]** を選びます。各層が列で表示され、時刻の早い順に注釈がすべて表示されます(図1)。

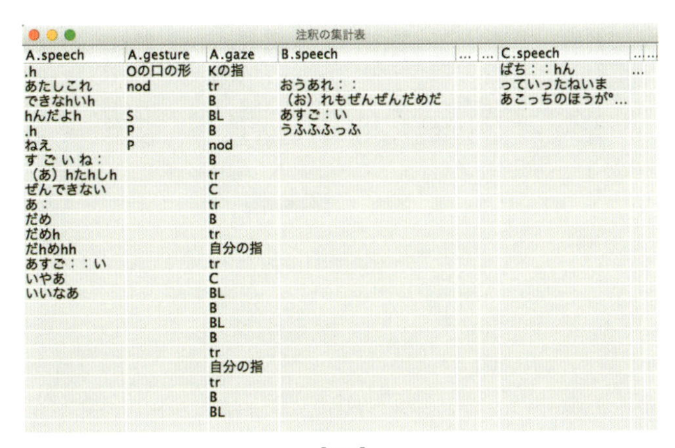

A.speech	A.gesture	A.gaze	B.speech	...	...	C.speech	...	...
.h	Oの口の形	Kの指				ぱち：：hん	...	
あたしこれ	nod	tr	おうあれ：：			っていったねいま		
できなhいh		B	（お）れもぜんぜんだめだ			あこっちのほうが°...		
hんだよh	S	BL	あすご：い					
.h	P	B	うふふふっふ					
ねえ	P	nod						
す ご い ね：		B						
（あ）hたhしh		tr						
ぜんできない		C						
あ：		tr						
だめ		B						
だめh		tr						
だhめhh		自分の指						
あすご：：い		tr						
いやあ		C						
いいなあ		BL						
		B						
		BL						
		B						
		tr						
		自分の指						
		tr						
		B						
		BL						

[図1]
注釈の集計表

2.2. 注釈の統計

注釈がまとまった量になると、「繰り返し性」の要素や「時間的広がり」の要素についてELAN上で簡単な統計をとることができます。たとえば、注釈のタイプごとの頻度 frequency や時間長 durationがこれに当たります。

統計をとるには、「注釈の統計」を使います。まずメニュー・バーから **[表示]** → **[注釈の統計]** を選ぶと、「統計」が表示されます(図2)。「統計」の上部には、「注釈」「注釈II」「注釈層」「Tier Type」「Participant」「Annotator」などの列が表示されます。このうち「注釈」、「注釈II」では、各注釈のタイプ別に、頻度（注釈数）、最小、最大、平均時間長（時間間隔の最短、最長、平均）などを表示してくれます。一方、「注釈層」では、各層に含まれる注釈の頻度、平均長などが表示されます。「Tier Type」ではタイプ別、「Participant」では参加者別、「Annotator」では注釈をつけた人別に同様の統計を見ることができます。

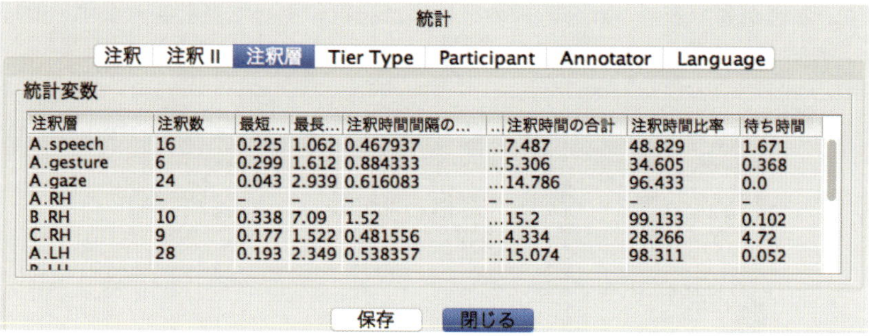

統計

注釈 | 注釈 II | 注釈層 | Tier Type | Participant | Annotator | Language

統計変数

注釈層	注釈数	最短...	最長...	注釈時間間隔の...	...	注釈時間の合計	注釈時間比率	待ち時間
A.speech	16	0.225	1.062	0.467937	...	7.487	48.829	1.671
A.gesture	6	0.299	1.612	0.884333	...	5.306	34.605	0.368
A.gaze	24	0.043	2.939	0.616083	...	14.786	96.433	0.0
A.RH	–	–	–	–	–	–	–	–
B.RH	10	0.338	7.09	1.52	...	15.2	99.133	0.102
C.RH	9	0.177	1.522	0.481556	...	4.334	28.266	4.72
A.LH	28	0.193	2.349	0.538357	...	15.074	98.311	0.052

保存　閉じる

［図2］
「注釈の統計」画面

この「注釈の統計」の示す結果だけで、ジョンストンらの提唱する「繰り返し性」「時間的広がり」に関する基本的な測定値がカバーできます。結果を保存すると、各項目をタブで区切ったテキストファイルが出力されるので、これを表計算ソフトで読み込んで整形することもできます。

自分でさらにさまざまな統計処理を行いたい場合には、第3章で紹介した「2.1. タブ区切り文書ファイル形式で保存」を用いて、表計算ソフトや統計ソフトに注釈結果を出力するとよいでしょう。

3 沈黙とオーバーラップの割り出し

3.1. 入力済みの層から沈黙を割り出す

ジョンストンらの提唱するもう一つの要素は「時間的位置」です。なんらかのできごとに対してどれくらいの時間が経って行動が起こったかを測る場合がこれにあたります。典型的な例は、何らかの刺激に対する反応時間（Reaction Time: RT）です。

しかし、コミュニケーション場面を対象にした場合は、人工的な刺激に対する反応よりも、相手の行動に対する反応の方が分析対象となることが多いでしょう。たとえば誰かの発話が終了してからどれくらい経って次の発話が起こるか（すなわち沈黙）、発話の開始と動作の開始との間にどのくらい時間差があるかなどは、コミュニケーション分析の指標に使えるでしょう。

ある層で注釈がない部分（たとえば個人の沈黙部分）、あるいは複数の層のどちらにも注釈がない部分（たとえば会話の沈黙部分）を割り出したい場合は、第3章2.2.で述べた「旧来の記録文書形式で保存」を使う方法以外に、**［注釈層］→［Create Annotations from Gaps...］**を選ぶ方法があります。

図3はそのオプション画面です。まず上の部分で対象となる層を選びます。2018年春の時点では、複数の層を選ぶには、まずどれか一つを選んでからshiftキーを押しながら他の層を選ぶ方式になっています。上下に並んでいる層しか選ぶことができないのでちょっと不便ですが、沈黙の割り出しに必要な層だけを備えたELANファイルを**［ファイル］→［名前を付けて保存］**で作っておくとよいでしょう（将来はチェック方式になるかもしれません）。たとえば、Aの発話、Bの発話、Cの発話の3層を選ぶと、A、B、Cの誰もしゃべっていない区間を出力することになります。

中央から下のオプション画面では、出力の方法を選べます。「Create annotations on」では、元の層の隙間に出力するか（「the same tier」）、新しい層に出力するか（「a new tier」）を選びます。「Value for the new annotations」では、作られる注釈の内容を、空白にするか（「Empty」）、特定の値にするか（「Specific value」）、沈黙区間の長さにするか（「Duration of the gaps」）を選びます。たとえばA、B、Cの発話層を元に、沈黙の層を出力すると図4のようになります。

Create annotations from gaps

Select Tier(s)

A.speech
B.speech
C.speech

Select All　Select None

オプション

Create annotations on

the same tier　A.speech

a new tier　ABC.gap

Value for the new annotations

Empty

Specific value:

Duration of the gaps

ミリ秒

秒.ミリ秒

時:分:秒.ミリ秒

OK　閉じる

［図3］

沈黙区間を検出するのに便利な「Create annotations from gaps」。複数の層を比べて、どの層にも注釈のない区間を自動的に検出する。この例では、A, B, Cの誰もしゃべっていない区間をABC.gapという新しい層に表示させる。

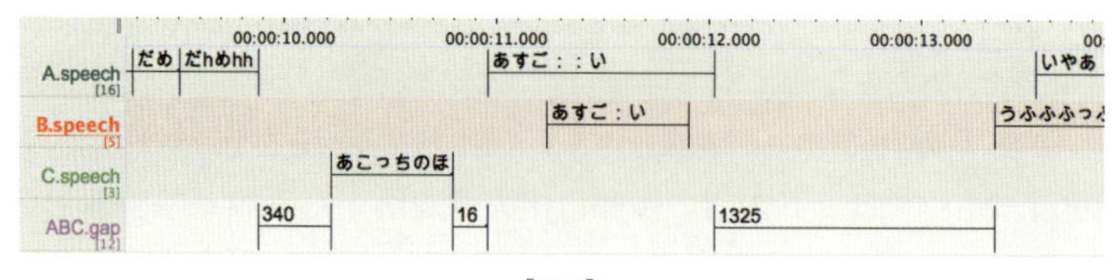

［図4］

「Create annotations from gaps」で沈黙区間の注釈を作成した結果。
この例では、ABC.gap層に沈黙区間をミリ秒で表示させている。

この作業で注意しなければいけないのは、切り出された沈黙には異なる種類のものが混在していることです。たとえばA、B二者の沈黙には、AからBへの沈黙、BからAへの沈黙、A自身の沈黙、B自身の沈黙の4種類が混ざっています。これらを区別したい場合は、管理語で4種類のエントリを指定し、言語タイプを作って、沈黙層の注釈内容を入力し直す必要があります（図5）。管理語と言語タイプの使い方については第5章をご覧下さい。

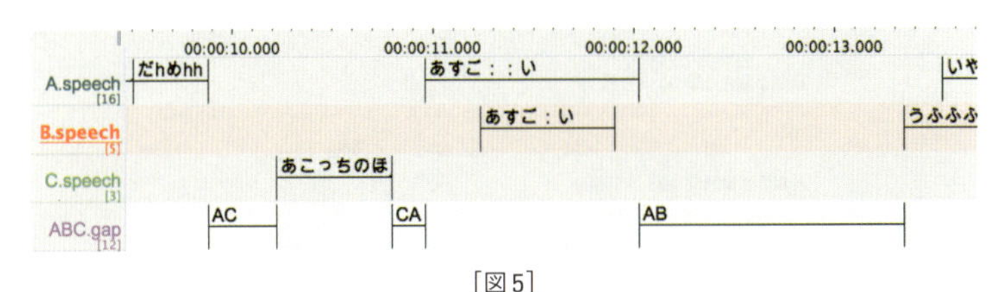

［図5］

沈黙の種類を入力し直したところ。ここでは、A→C、C→A、A→Bの3種類が区別されている。沈黙部分の層を作ったあとに、このように沈黙の種類を注釈に入力し直せば、[注釈の統計]を用いて、個人内でどれくらいの沈黙長があるか、個人間でどれくらいの沈黙長があるかについて、頻度・平均長などを測定することができる。

3.2. 発話部分と沈黙を自動的に切り分ける

ELANには、音声波形やビデオ映像を解読して自動的に層と注釈を作る機能があります。これらを使うと、会話部分とそうでないところを自動的に切り分けて注釈を作ることができます。

ELANには、音声パターンから自動的に無音部分を割り出して自動的に注釈範囲を作る「音声認識」ツールが備わっています。騒音の少ない環境で録音されている場合には、こうしたツールを使って発話部分と沈黙部分を区切り、それぞれの注釈を作ることができます。そこで以下では、音声認識ツールの中から「Silence Recognizer MPI-PL」の使い方を紹介します。

【音声認識ツールを使って発話と沈黙を切り分ける】

❶右上のツール群から **［音声認識］** を選びます（図6）。

❷上部の「Recognizer:」でさまざまな認識ツールが選択できますが、ここで

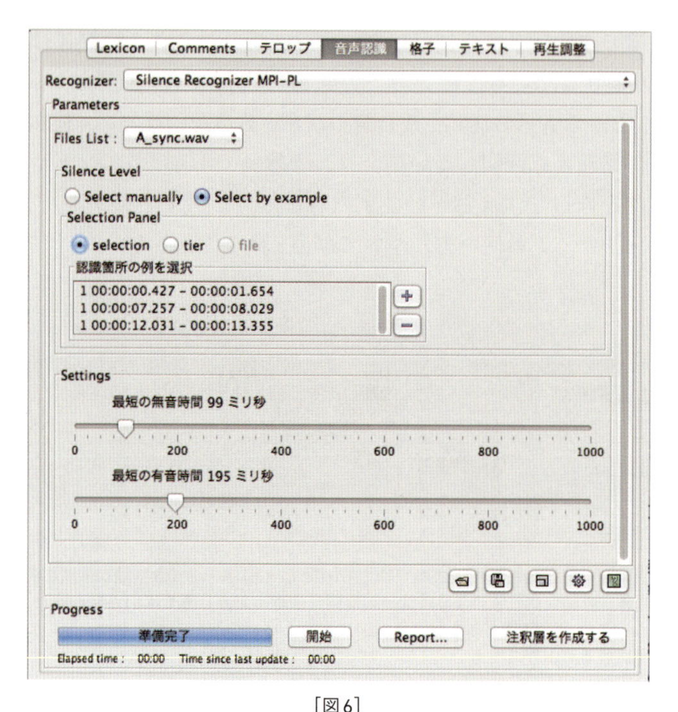

[図6]
「音声認識」ツール Silence Recognizer MPI-PL

は「Silence Recognizer MPI-PL」を選んでおきます。これはELANと同じマックス・プランク心理言語学研究所の言語学セクションで開発されているツールです。

❸画面にさまざまなパラメータ（Parameters）が表示されています。まず、「Files List:」では、現在リンクされている音源から選択ができます。たとえば、スタジオなどで参加者別に音声を収録した場合は、それぞれの参加者の音源をもとに参加者別の沈黙部分を割り出すことができるでしょう。

❹「Silence Level」では、どれくらいの音量までを沈黙と見なすかを指定します。

❺ここで「Select manually」を選んだ場合は、下の「Settings」に表示されているスライド・バーで閾値を指定します。左にスライドさせるほど（0に近

づけるほど)、大きな音量まで沈黙と見なすようになります。その下の「最短の無音時間」は、小さい値になるほど、より細かく無音時間を検出します。さらに下の「最短の有音時間」は、小さい値になるほど、より細かく有音時間を検出します。たとえば会話分析の場合、「最短の無音時間」を100ミリ秒に設定すると、100ミリ秒以下の沈黙は発話内のものとみなされることになります。

「Select by example」を選んだ場合は、実際にいくつか沈黙区間を指定して、それをモデルとして他の沈黙区間を割り出していきます。まずタイムライン・ビューアで沈黙区間を一つ指定してから、「認識箇所の例を選択」のボックス右横の「+」ボタンをクリックしてください。指定した沈黙区間の時刻が表示されます。同じ要領でいくつか沈黙を指定していきましょう。モデルとなる沈黙区間を外す場合はボックス右横の「−」ボタンをクリックします。

❻設定ができたら下の「開始」ボタンを押します。「準備完了」のボタンが青くなったら(短い音声データならあっという間に青くなります)、「注釈層を作成する」をクリックします。デフォルトでは沈黙部分に「s」、行動部分に「x」が注釈内容として入りますが、「新規注釈内容」に適当な文字列を入れればそちらに変更されます。また、「表示する注釈」にチェックを入れるか否かで、それぞれの注釈を作るかどうかを選択することができます。

3.3. 入力済みの層からオーバーラップ部分を割り出す

多くの会話では、参加者の発話ターンはオーバーラップをなるべく少なくするように調整されています。逆に言えば、オーバーラップが起こっているところでは、何らかのトラブルか、特別な同調行動が起こっている可能性があります。こうしたオーバーラップ区間をELANで調べるには、**[前注釈終了時点から新規注釈作成]** を使います。

【オーバーラップ部分の注釈を作成】

❶メニュー・バーの **[注釈層]** → **[前注釈終了時点から新規注釈作成]** を選びます。図7はそのオプション画面で、四つのステップに分かれています。

❷ステップ1/4。対象となる層を選びます(図7左上)。このとき、三つ以上の

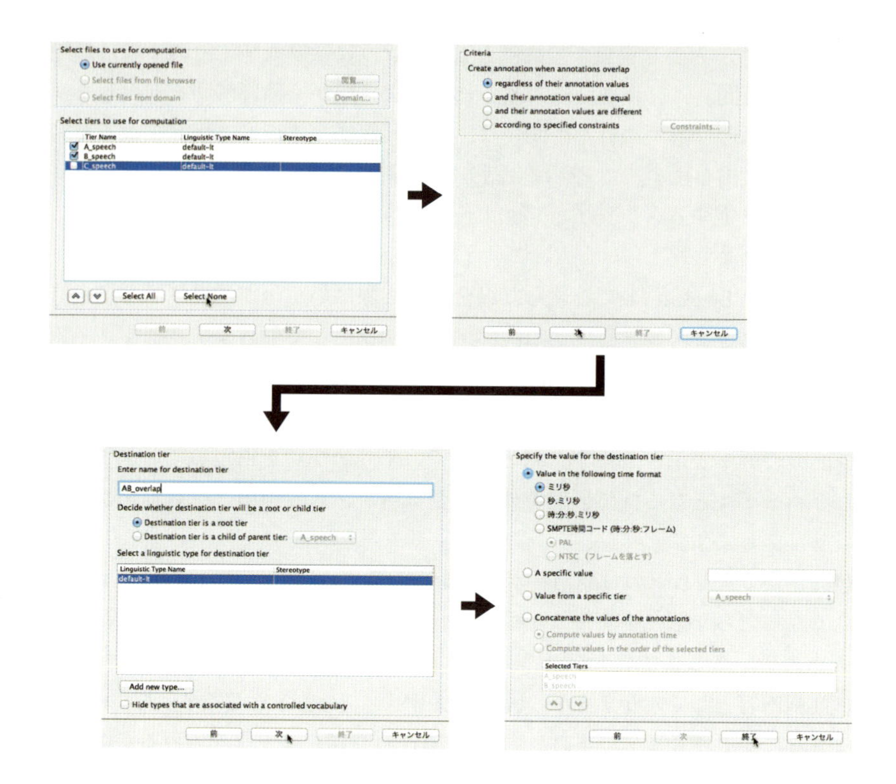

［図7］
［前注釈終了時点から新規注釈作成］を使って、複数の層のオーバーラップ部分から新しい層を作る。Step 1/4で対象となる層を選び、Step 2/4で条件を選び、Step3/4で新しい層の名前を付けて属性を決め、Step4/4で注釈につける内容を決める（ここではオーバーラップ時間長をミリ秒で表示させる）。

層を選んだ場合、すべての層に重なりが見られる区間だけが選ばれるので注意して下さい。

❸ステップ2/4。条件を選びます（図7右上）。「regardless of their annotations values」は、注釈内容に関係なくオーバーラップ部分を検出します。「and their annotation values are equal」は、注釈内容が等しい注釈間のオーバーラップだけを検出します。「and their annotation values are different」は逆に、注釈内容の異なる注釈間のオーバーラップだけを検出します。「according to specified constraints」を選んだ場合は、さらに別のボックス画面が開き、特定の内容を持つ注釈だけを対象にオーバーラップを検出することができます。

❹ステップ3/4。出力先となる層の名前を指定します。層に上下関係を設定していないなら「Destination tier is a root tier」ルート層を選ぶとよいでしょう（図7左下）。

❺ステップ4/4。注釈の内容を選びます（図7右下）。「Value in the following time format」を選ぶと、注釈にはオーバーラップ区間の長さが指定した単位で入ります。「A specific value」を選んで横の空欄に文字列（たとえば「overlap」）を入れると、すべての注釈の内容はその文字列になります。「Value from a specific tier」を選ぶと、特定の層の注釈内容が入ります。「Concatenate the values...」とすると、オーバーラップしている複数の層の注釈内容をくっつけたものが入ります。「Compute values by annotation time」では、オーバーラップする注釈のうち先行したものの内容から先に、「Compute values in the order of the selected tiers」では、指定した層の順番に、注釈をくっつけます。

割り出されたオーバーラップの層には、沈黙同様、異なる種類のオーバーラップが混在しています。たとえば、A、B二者のオーバーラップにはAからBへのオーバーラップとBからAへのオーバーラップが混ざっています。これらを後から手入力で区別する必要があるでしょう。

本章のまとめ

- **行動を測るための三つの要素は**

繰り返し性、時間的広がり、時間的位置。

- **注釈の集計や統計を手軽にとるには**

[表示] → [注釈の集計表]、[表示] → [注釈の統計] を使う。

- **入力済みの層から沈黙を割り出すには**

[注釈層] → [Create Annotation from Gaps...] を使う。

- **音声の小さい部分から自動的に沈黙を割り出すには**

ツール群から「音声認識」を選び、適当なRecognizerを用いる。

- **入力済みの層からオーバーラップ部分を割り出すには**

[注釈層] → [前注釈終了時点から新規注釈作成] を使う。

07 等間隔にデータを区切る

1 等間隔に区切られた注釈の必要性

映像や音声を分析するときによく用いられるのが、データを一定間隔（たとえば5秒、1分など）に区切って、それぞれの区間になんらかの注釈をつける方法です。たとえば、映画分析で1コマごと（たとえば1/24秒ごと）にメモをとりたい場合や、音楽分析でBPM単位（たとえば1分間に120ビート）で分析を進めたい場合がこれにあたります。

観察時間を等間隔に区切って行動を評定していく手法は、さまざまな研究分野で用いられています。心理学には、単位時間あたりのコミュニケーションの質を評定する手法がありますし（Bakeman & Quera 2011)、応用行動分析の分野ではしばしば、クライアントの動きを数秒ごとに評価して数値で表す手法が使われます（Cooper et al. 2007)。動物行動学でも、対象とする動物について何らかの行動のあるなしを単位時間ごとにチェックしていく手法は一般的です（Martin & Bateson 2007)。

実はELANには等間隔の注釈を自動的に作ってくれる機能が備わっています。この機能を使えば、データを手軽に等間隔に区切り、メモや評定を書き加えていくことができます。以下、その方法を説明しましょう。

2 ELANで等間隔の注釈を作る

等間隔で規則的な注釈を作るには「通常の注釈を作成する Create regular annotations」メニューを使います（「通常の」と訳されていますが本当は「規則的な」という意味です）。手順は以下の通りです。

【等間隔の注釈を作る】

❶あらかじめ **[注釈層] → [新規追加 ...]** で、新しい層を一つ作っておきます。

❷**[注釈層] → [通常の注釈を作成する]** を選択すると設定画面が表示されます（図1）。上半分は「注釈層の選択」、下半分は「時間の詳細」の設定です。

❸「注釈層の選択」に表示された層から、等間隔の注釈を作りたい層にチェックを入れます（図1a）。

❹「時間の詳細」で時間を設定します。「開始時間」「開始～終了の間隔」「終了時間」の三つは、データのどこからどこまでを等間隔に区切りたいかを設定します。この三つの数値は連動しており、自動的に変化するので注意しましょう（図1b）。たとえば、「開始時間」を00:00:00.000、「開始～終了の間隔」を00:10:00.000と入力してリターン・キーを押すと、「終了時間」は自動的に00:10:00.000に変化します。

❺「注釈のサイズ」では等間隔で区切るための時間幅を設定します（図1c）。たとえば00:00:01.000にすれば、開始時間から終了時間までが1秒間隔の注釈で埋まります。

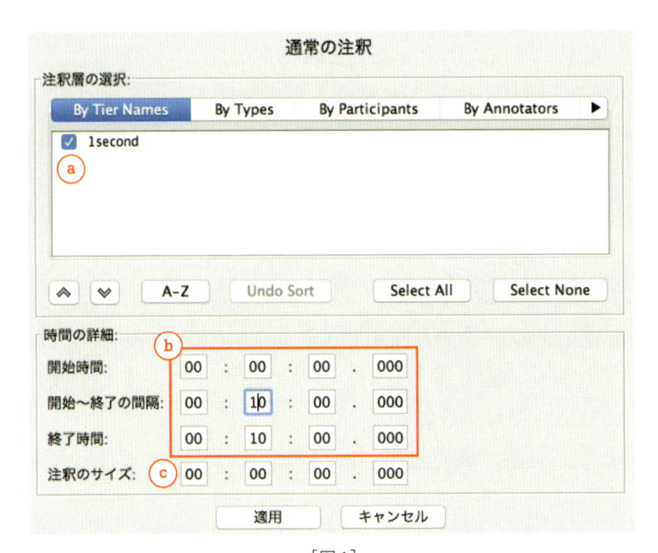

［図1］
「通常の注釈」の画面

3 注釈に通し番号をつける

等間隔の注釈にいきなり注釈を書き入れても構いませんが、これらの注釈に通し番号を振っておき、詳しい注釈は下位の層に入力しておくと、あとで誰かとデータを確認したり議論する際に「何番の注釈の値は…」と言い当てることができます。映画分析の場合は、1/24秒間隔で注釈を作り、これに番号を割り振れば、自動的にコマ番号を作ることができます。

番号の割り振りの手順は以下の通りです。

【注釈に通し番号をつける】

❶**[注釈層]** → **[注釈に表号と番号をつける]** を選択。「注釈ラベルと番号の作成」画面が表示されます (図2)。

❷上半分の「注釈層の選択」で、層を選択します。複数の層に通し番号をつけることもできます。

❸下半分の「オプション」で、通し番号の付け方を設定します。

- 「注釈のラベル部分を含む」にチェックを入れて右の空欄に何か文字列を入力すると、通し番号の前に文字列を添えることができます。
- 「区切り文字を挿入」にチェックを入れると、上で設定したラベルと通し番号の間に区切り文字を入れることができます。
- 「注釈の番号部分を含む」にチェックを入れ、「整数」を選びます。ここをチェックしないとラベルのみが注釈となり番号はつきません。
- 「数値の前に0 (ゼロ) を表示する」にチェックをすると、「1」ではなく「01」のように桁数の少ない番号の前に0が付きます。「整数の最小桁数を...」で「3」を選ぶと、「001」のように3桁になるよう0が付加されます。
- 「注釈番号を次の番号から開始」で、最初の注釈の番号を設定します。数値の増加量」は通し番号をいくつずつ増やしていくかを設定します。通常は1でよいでしょう。
- いちばん下に青字で設定結果の例が表示されます。思った設定になっていれば、「OK」を押します。

❹以上の作業は何度でもやり直せます。うまく通し番号がついたら「閉じる」を押します。

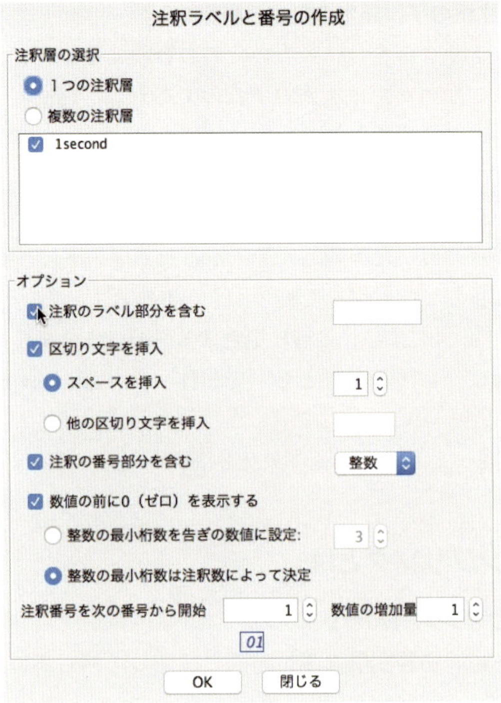

［図2］
注釈ラベルと番号の作成画面

4 等間隔の注釈を入力する

等間隔に区切られた注釈を作ったあとは、注釈内容を入力する作業が待っています。こうした作業を行うには、3節で述べたように、あらかじめ等間隔の注釈に通し番号をつけた層を作っておき、その下に下位の層を作るのが便利です。下位の層を作るときの主な手続きは、第5章を参照していただくとして、ここでは、ある行動が起こったか、起こってないかを入力する場合を例に、簡単に手順を示しましょう。

【例：等間隔の注釈の下に評定のための層を作る】

- 評定の内容が簡単な場合は、入力のための管理語を作ります。たとえばある行動があるかないかだけを入力するのであれば、「onezero」という管理語を作り、エントリの値として1と0を登録します。
- 新規言語タイプ「onezero_type」を作ります。ステレオタイプは「Symbolic Association」とし、管理語は先に作った「onezero」を用います。
- あらかじめ作っておいた等間隔の注釈からなる層の下に、新しい層を作ります。上位の層として属性を変更します。もし入力したい注釈内容が自由な形式なら、「言語タイプ」は特に指定する必要はありません。管理語を利用したい場合は、言語タイプとして先に作った「onezero_type」を用います。
- 第5章3節に従って、新しい層に次々と注釈を入力していきます。

5 時間サンプリングとは

5.1. 瞬間サンプリングと1/0サンプリング

一般に、観察時間を等間隔な単位時間に区切って何らかの評定（レイティング）を行う方法を「時間サンプリング time sampling」と呼びます。以下では、時間サンプリングを用いた評定を行う人のために、簡単にこの作業について解説しておきましょう。

代表的な時間サンプリングは「瞬間サンプリング instantaneous sampling」と「1/0サンプリング one zero sampling」です。二つの違いは、ある一瞬に注目するか、ある区間に注目するかです。

瞬間サンプリングでは、注目している行動（たとえば手の上げ下ろし）がある瞬間に起こっていれば1を、起こっていなければ0をつけます。たとえば1秒間隔で瞬間サンプリングを行うときは、ELANで動画を1秒ごとに静止させ、静止した瞬間に手の上げ下ろしが起こっていれば1、起こっていなければ0とします（静止点以外で起こっていてもカウントしません）。

1/0サンプリングでは、ある時間内に注目している行動（たとえば手の上げ下ろし）が起こったら1、起こらなかったら0とします。たとえば1秒間隔で1/0サンプリングを行うときは、動画を1秒再生し、その間に手の上げ下ろしが起こっていれば1、起こっていなければ0とします。

瞬間サンプリングや1/0サンプリングを用いて、もっと直感的な評定を使う場合もあります。たとえば、1分ごとにそこで行われているコミュニケーションの「よさ」を5段階で評定する、という具合です。もちろん、一人だけでは主観的な評定に過ぎません。しかし、さまざまな評定者に同じ映像について評価を下してもらい、その平均をとっていけば、コミュニケーションの質の変化をおおよそ測ることができるでしょう。ゴットマンとポーターフィールドは、こうした手法を使って、夫婦間の会話におけるコミュニケーションの時間変化を論じています（Gottman & Porterfield 1981）。

人によって評定の結果が異なる場合には、複数の注釈者を設けて「観察者間の一致度」を何らかの尺度で示すとよいでしょう。こうした作業については第9章4節のCohenのκに関する記述を参照して下さい。

時間サンプリングを用いて刻々と変化するコミュニケーションを、どんな尺度を用いてどう評定していけばよいのかについてはさまざまな手法があります。非言語コミュニケーション研究の分野には、長年の研究の蓄積から得られたさまざまな非言語尺度があり（たとえばManusov 2005）、応用行動分析の分野にもすでに確立された方法があります（Cooper et al. 2007）。それらを参考にするのもよいかもしれません。

5.2. 時間サンプリングの長所と短所

時間サンプリングによる評定は、映像データが得にくい観察場面や、映像の再生や分析に手間のかかる環境を前提とした手法です。その長所は、行動の開始点や終了点を気にすることなく評定ができ、分析が短時間で済むことです。

そしてこの長所は、同時に短所でもあります。行動の開始点と終了点は、コミュニケーションにおける行動の前後関係を知る重要な情報です。ところがコミュニケーションを均等な単位時間に区切ると、単位時間内での前後関係や詳細は分析から除かれてしまいます。また、単位時間を大きくとるほど、サンプリングの方法によって評定は過大／過小評価になる傾向が知られています（Cooper et al. 2014）。

コミュニケーションの細かい過程は問題にせず、大局的な分析を行う場合には、時間サンプリングが役に立つでしょう。一方で、コミュニケーションの微細な過程を知りたいのであれば、多少分析に時間がかかっても、一つ一つの行動の開始点と終了点を決めてコーディングしていく方が、多くのことを発見できるでしょう。

本章のまとめ

- **ELANで等間隔の注釈を作るには**
  [注釈層] → [通常の注釈を作成する] で。
- **注釈に通し番号をつけるには**
  [注釈層] → [注釈に表号と番号をつける] で。
- **等間隔の注釈を入力するには**
  通し番号をつけた注釈の下に下位の層を作って入力すると便利。
- **行動を等間隔で評定するには時間サンプリング**
  瞬間サンプリング：ある瞬間に起こっているかどうかを評定。
  1/0サンプリング：ある時間内に起こっているかどうかを評定。
- **時間サンプリングの長所と短所**
  長所：分析が短時間で済む。
  短所：コミュニケーションの細かい過程が見逃されやすい。

PART 3

応用編

研究者はそれぞれの専門分野で、ELANを違ったやり方で使っています。第3部では、専門家の手続きを見ながら、ELANをどのような作業に応用できるかを紹介します。専門外の人にも、新しい使い方のヒントが見つかるかもしれません。

08 動作分析
コーディングから量的／質的分析へ

1 動作の定義、コーディング、分析

わたしたちは日常のちょっとした会話のあいだにもさまざまな身体動作を行っています。また、共同作業を行うときには、お互いの動作を微細に調整しています。どんな動作がどんなタイミングで行われるのか、一つ一つの動作は発話とどんな関係にあるのか。それを細かく調べるには、まず動作を定義し、一つ一つの動作を定義に従っていくつかの種類に分類し、各分類を簡単な記号で表します。そして各動作に対してコーディング（記号の記入）をし、その結果を分析するという手順を踏みます。

動作のコーディングを行うには、動作のどの時点からどの時点までに対して記号を記入するかを決める必要があります。実際にやってみると、これは必ずしも簡単ではありません。あちこちの身体部位が同時に複雑に動くとき、注目のポイントはいくつもあります。何をもって始まりとし、何をもって終わりとすればよいでしょうか。

この章では、動作の開始と終了を決める「ジェスチャー単位」と「ジェスチャー・フェーズ」(Kendon 1975, 2004) の考え方を最初に紹介します。次にサンプルムービーを使って、実際にジェスチャー・フェーズをどのようにELAN上で注釈として付けていくかを解説した上で、そこからどんな考察が引き出せるかを簡単に紹介します。

さらにこの章の最後では、コーディングを効率よく行い、量的分析と質的分析をより洗練させていく方法について述べます。

2 ジェスチャー単位、レスト、フェーズ

2.1. ジェスチャー単位とレスト

アダム・ケンドンによれば、ごくおおまかに言って、わたしたちの腕や手は、比較的ある姿勢で落ち着いているときと、あちこち動かしているときとがあります。どんな姿勢でも落ち着けるわけではなく、たとえば腕組みをしたり、頬杖をついたり、手をテーブルの上や膝の上に置いたり、両肩からだらりと下げたりと、楽な姿勢でいることが多いようです。そこで、これらの姿勢のことを「ホーム・ポジション」(Sacks & Schegloff 2002)、あるいは「レスト・ポジション」(McNeill 1992, Kendon 2004) と呼びます。人の姿勢はいつでも同じ「ホーム」に戻るとは限らず、さまざまな位置で一休みすることが多いので、この本では、こうした状態のことを「レスト」と呼び、その位置を「レスト・ポジション」と呼ぶことにします。

わたしたちの動きの形はさまざまですが、あるレスト・ポジションから出発して、いくつかの動作の旅をしたあと、(さきほどと同じ、もしくは別の) レスト・ポジションに落ち着く、という点では一致しています。そこで、この、レストに始まりレストで終わる一連の動作の単位を「ジェスチャー単位」(Kendon 1975, 2004) と呼びます。ジェスチャー単位、そして次に述べるフェーズの考え方 (図1) は、最近では身体動作を機械によって認識、合成、学習する際にも用いられるようになってきました (たとえばMadeo et al. 2016, Tsironi et al. 2017)。

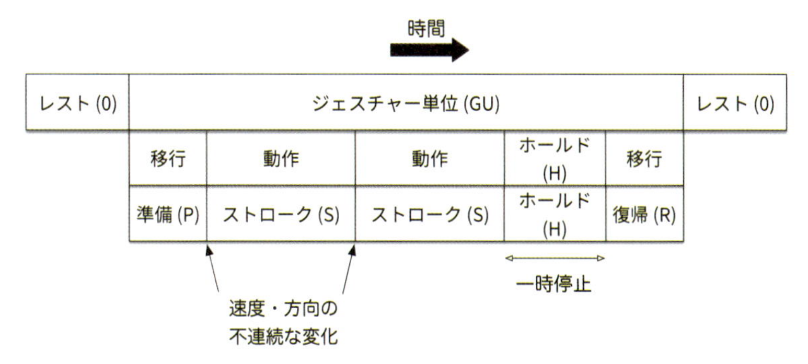

[図1]
レストとジェスチャー単位、単位内のさまざまなフェーズ。

2.2. 動作フェーズ、ホールド

ジェスチャー単位はさらにいくつかの「フェーズ」(Kendon 1975, 2004) に分けることができます。フェーズには、大きく分けて、動きのある動作フェーズと動きのない一時停止のフェーズ(ホールド)の二つがあります。

フェーズは、動作の不連続な部分で区切ります。たとえば、腕を振り上げて下ろすとき、わたしたちの腕はまず振り始めに加速し、中盤で最も速度を出し、振り上げの頂点に向けて次第に減速し、頂点でほんの一瞬停止したかと思うと、すぐに振り下ろしに向けて加速します。こんな風にわたしたちの動作の速さや方向は、ある点を境に不連続に変化します。この境目で動作を区切り、それぞれの動作区間を一つの動作フェーズと見なします。

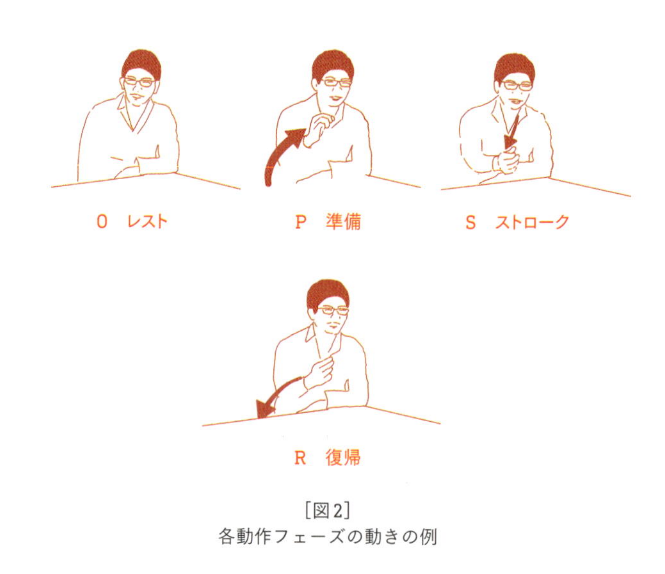

[図2]
各動作フェーズの動きの例

動作フェーズはただ不連続点をはさんでがくがくと連鎖するだけでなく、途中でしばらく一時停止の区間を挟むことがあります。この一時停止のフェーズを「ホールド」と呼びます。たとえば、腕を振り下ろそうとして、すぐ振り下ろさずに、振り上げの頂点で一時的に腕を止めて待つとき、待ちの区間がホールドにあたります。研究者によっては、とくにストローク後に起こる「ポスト・ストローク・ホールド」に注目する人もいます。

動作フェーズはさらにいくつかに分類できます。動きの中心となるフェーズは、「ストローク Stroke」です。たとえば、指を鳴らそうとして腕を振り下ろすとき、振り下ろしの開始点から振り下ろしたいちばん下のところまでが「ストローク」にあたります（図2右上）。長い動作では、いくつかのストロークが連続することもあります。

各フェーズ間には、移行のフェーズが挟まることがしばしばあります。たとえば指を鳴らそうとするとき、振り下ろしの前に、レストからいきなり振り下ろすよりも、いったんレストから腕を振り上げて、それから指を鳴らすべく振り下ろすことが多いでしょう。このように、静止状態からストロークの開始点へと移行するときの動き（たとえば振り上げ）を「準備 Preparation」と呼びます（図2中央上）。逆に、ストロークの終了点から静止状態に向かうとき、腕や手が急にそれまでの勢いを失って元に戻るように見えることがあります。こうした移行の動きを特に「復帰 Retract」と呼びます（図2中央下）。

ジェスチャー単位によっては、準備や復帰を欠き、いきなりストロークで始まるものやストロークで終わるものもあります。また軌道があいまいで分類に困るようなその他の移行も見られます。

2.3. ジェスチャー単位、レスト、ジェスチャー・フェーズの記号

以上のように、わたしたちの身体動作の時間構造は、まずレスト／ジェスチャー単位の二つの状態に分かれます。さらにジェスチャー単位の内部は、動作／ホールドという二種類のフェーズに分類されます。そして動作フェーズはさらに、ストローク／移行という下位フェーズに分類され、移行には、準備・復帰やその他の移行が含まれます。

注釈をつけるときは、それぞれの構造を記号で表すと便利です。そこで、以下では、準備 PreparationをP、ストローク StrokeをS、復帰 RetractをR、ホールド Hold をH、その他の移行をXとし、レストは 0（ゼロ）で表すことにしましょう（図3）。

これで、動作の時間変化をコーディングするための記号が定義できました。いよいよコーディングと分析に移りましょう。

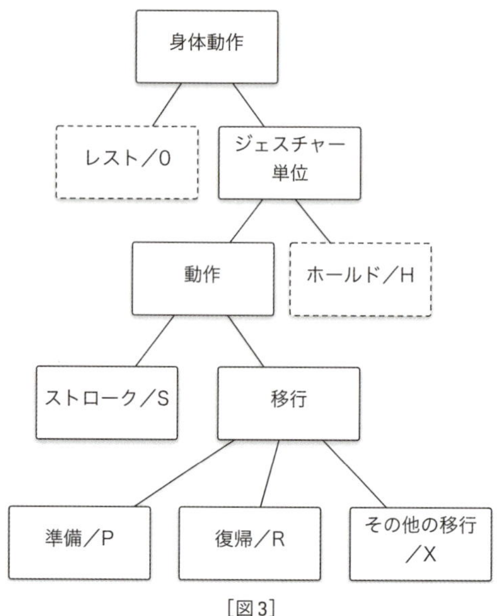

［図3］
動作フェーズ、レストの階層構造と記号

3 ELANで行うコーディングと分析

3.1. 層の設定、フェーズの入力

実際の例を使ってジェスチャー単位、レスト、フェーズを確認しながら層に記入していきましょう。例1は、Aが指を鳴らそうとしているところです。身体部位のどこに注目するかによって層の作り方は違ってきますが、ここでは二つの手の移動に注目すると決めて、左手（A.LH）と右手（A.RH）の2層を作ります（図4)。

最初、Aは両手を前で組んでレストしているので、それぞれの層で動きのない部分を範囲指定して「0」を記入します。次に右手は残ったまま左手だけが前方上に移動し、次にやや下方に振り下ろしながら指を鳴らします。そこで、左手の移動方向が上方から下方に変化した瞬間に注目して、変化前を準備フェーズ「P」、変化後をストローク「S」(下向き）とします。一方右手は「0」のままです。

O：両手を組む

P：振り上げ

S：指鳴らし

X：曖昧な指鳴らし

S：振り上げ

S：指鳴らし

R：復帰→H：ホールド

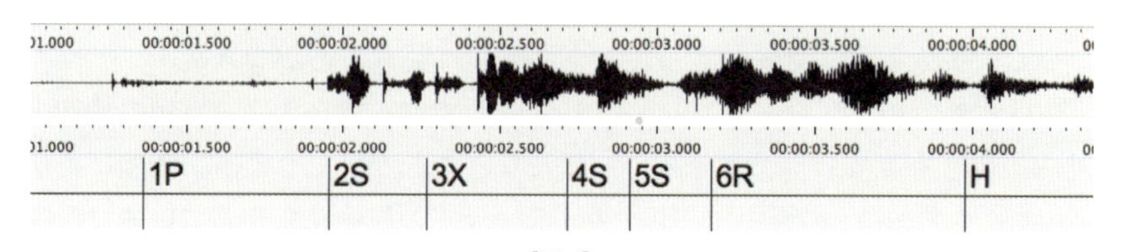

［図4］
Aの動作フェーズの変化とELAN上のコーディング

左手はここから手前に戻ってまた指をちょっと鳴らしかけて上下するのですが、ここの動きは上下の間がカーヴを描いており不連続性がないのでひと続きの「S」(カーヴ) としておきます。続いて、今度は明確に手が上に向かいますので、ここは分けて別の「S」(上向き) とします。さらに再び指鳴らしの「S」(下向き) があってから、左手は急に緩やかに横に移動してから止まります。この移動は静止状態への弛緩なので復帰「R」とし、その先の静止状態はホールド「H」とします。

さて、一つのジェスチャー単位の中にSがいくつもでてきました。そこで図4下には便宜上、左手 (LH) の動作フェーズに通し番号を付けて1P〜6Rとしました。特定の箇所を質的に分析するには、こんな風に各フェーズに番号をつけるとよいでしょう (大量の注釈に自動的に通し番号をつけてしまう方法については、第12章の5.2.を参考にして下さい)。

3.2. 動作フェーズをコーディングするときの注意点

さて、Aの動きをほんの4秒ほどコーディングしてみました。この細かい作業がどう報われるかは後の事例分析で述べるとして、コーディング作業で注意すべき実践的なポイントをいくつか挙げましょう。

第一に、コーディングの最中は他のモダリティをあえて見聞きしない、ということです。動作をコーディングしているとき、つい同時に起こっている発話や頭の動きに注意をひかれて、参考にしたくなるかもしれません。しかし、これら他のモダリティを見聞きしながらデータをおこすと、動作自体に本来埋め込まれているはずの開始点や終了点に関する微細な手がかりが覆い隠されてしまいます。私の場合、特定の身体部位について動作をコーディングする場合には、音声は消し、他の身体部分も見ないことにしています。このように別々にコーディングする方が、より正確に範囲を指定できるし、あとでモダリティ間に関係があったときに新鮮に驚くことができます。

注目する手がかりを一貫させることも重要です。たとえば、事例の最初のP、Sの動きを見て、他にもいろいろ気になることが出てきます。実際に指をぱちんとやるのはSの最中ですし、掌の向きもSの最中に変化しています。手の移動方向以外にこれらの変化も考慮したくなるかもしれません。しかし、手の移動方向を記述する層に、他の部位のさまざまな変化を入れると、分析者だけが理解できる複雑なコーディングになってしまい、あとから他の人と議論するとき、あるいは系統的な量的、質的分析をするときに困ります。あくまで、手の移動方向が変化した瞬間を基準に分析しておき、それ以外の考えは別の層を作ってそこに記しておくとよいでしょう。このように、一つの層について一貫した基準をとることはとても大事です。異なる基準を持つ分析では層を分けること。この考え方については、この章の最後にもう一度触れます。

動作の開始や終了点の位置は、手が微細に動いていると特定しにくいものです。目視だとわかりにくい動作の不連続点も、画素の変化やモーションキャプチャなどの値を見るとより明確にわかることがあります。ELAN上でこうした外部データを取り込み注釈の開始終了点と照合する方法については、第14章の「時系列データ分析」で述べます。

4 簡単な事例分析：各フェーズを選択再生する

一通りコーディングできたら、まずは簡単な質的分析をしてみましょう。

ELANを使った質的分析でもっとも基本となるのは、一つ一つのフェーズを個別に再生して、他のモダリティ（たとえば発話）で何が同時に共起しているかを確かめる作業です。

ここではその一例として、発話と動作の間でどんな協調関係が見られるかをELANの機能を使って事例分析を行ってみましょう。

分析には、各フェーズの選択再生が大きな威力を発揮します。一つ一つのフェーズだけを再生し、それが映像中の他の動きや音声とどんな関係にあるかを検討していくのです。

まず第一の動作フェーズ（1P）を選択し、「選択部分を再生」を使って再生してみましょう。すると、このフェーズで起こった他のモダリティのできごとがくっきりします。まず頭部ではうなずきが起こっており、声は息を吸っています。動作の準備が、発話の準備（吸気）およびうなずきというコミュニケーションのマーカーと同期していることがわかります。

次に指鳴らしが行われる動作フェーズ2Sを選択して選択部分だけ再生してみましょう。発話はちょうど「あたしこれ」の部分です。「これ」という指示語が動作の核である指鳴らしの振り下ろしとぴたりと同期していることがわかります（図5）。

国語の授業では、指示語が何を指すかを調べるには文章の前の方を探すよう教わりますが、現実の会話では、指示語は周囲の環境や、自分の動きを対象としていることがあります。このとき、さまざまな環境や動きの中のどれが指示されているのかを、話し手と聞き手はどうやって共有できるのでしょうか。そのヒントとなるのがこの事例です。わたしたちは指示語を発するとき、語と動作とを正確に同期させることで、いま何が指示されているのかを明らかにし、聞き手と共有しているのかもしれません。もちろんこれを立証するにはさらに事例を集めて「事例集」を作る必要がありますが（第13章参照）、少なくともこうしたほんのわずかな事例分析からでも、研究のアイディアが見つかるのです。

次に第二の指鳴らしにあたる3Xだけを再生してみましょう。ちょうど発話

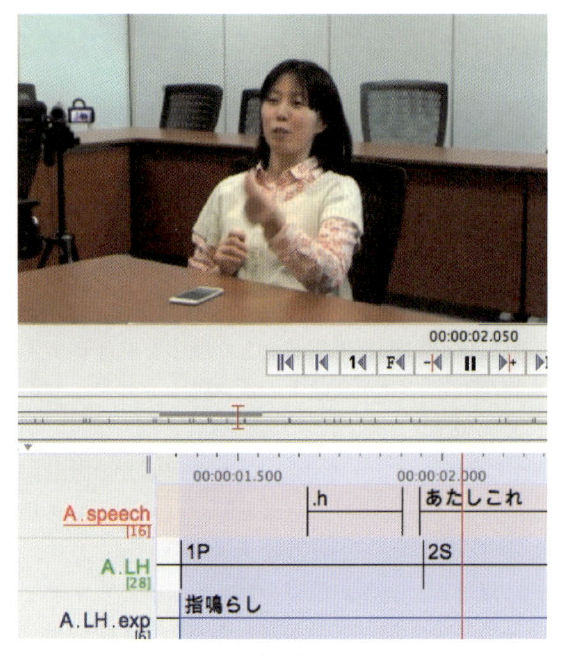

[図5]
「これ」と指鳴らしの同期

では「できなhいh」の部分であり、少し笑いの「h」音が入って有標になっています。この動作フェーズは手の上下の境目があいまいで、指鳴らしも中途半端に終わっています(図4)。このやり損ないが見事に「できない」という否定的な発話内容と対応づけられ、しかも笑いによって有標化された部分と同期していることがわかります。

続く4Sと5Sは三回目の指鳴らしにあたりますが、ここでは「hんだよh.h」という発話末尾が当てられています。注目すべきなのは1Pと4Sの長さの差です(図7)。1Pも4Sも指鳴らしのための振り上げ動作なのですが、1Pが700ミリ秒の長い振り上げとなっているのに対して、4Sではわずか200ミリ秒あまりとなっており、発話末尾の短い音韻と同期するよう調整されています。そしてこの発話の終わりと同期するように手の動きは弛緩して復帰フェーズ6Rに入り、発話後にホールドHに移ります。

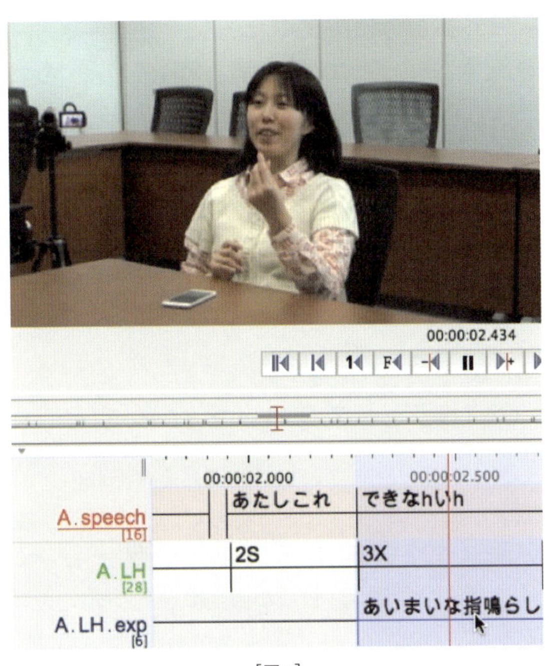

［図6］
半端な振り上げと「できない」

00:00:01.500 00:00:02.000 00:00:02.500 00:00:03.000
A.speech [16] .h あたしこれ できなhいh hんだよh .h
A.LH [28] 1P 2S 3X 4S 5S 6R
A.LH.exp [6] 指鳴らし あいまいな指鳴らし 指鳴らし 復帰

［図7］
Aの発話と動作フェーズの関係のまとめ

結果を簡単にまとめましょう。Aは指鳴らしを三回試みるのですが、それぞれの指鳴らしは異なる形で発話と結びついており、タイミングも変化していることがわかりました。第一の指鳴らしは発話準備および指示語と、第二の指鳴らしは「できない」という否定的記述と、第三の指鳴らしは発話末尾と結びついています。このような現象を見ると、発話と身体動作は、単にひとまとまりのターンとして同期しているだけでなく、発話の内部の細かい部分でも同期しており、そのことでより複雑な意味を組織しているらしいと思えてきます。

これはおそらくこの事例だけに起こった偶然ではありません。たとえばケンドンはジェスチャーの教科書の中で、発話の細部がいかに動作の各フェーズと同期しうるかについて詳細に論じています (Kendon 2004)。このようにELANを用いてさまざまな事例分析を重ねていけば、発話の時間構造と身体動作の関係について、さらなる仮説が発見できるでしょう。

5 管理語で動作フェーズをコーディングする

ジェスチャーがコーディングされていれば、それぞれのタイプがどれくらいの頻度で出現するか、その長さはどれくらいかを手がかりに、量的分析を行うことができます。たとえば、長い会話の中で動作フェーズがどう変化していくかをコーディングすれば、どんな会話でどんなフェーズが多発するかを知ることができるでしょう。

第5章で述べたように、コーディングを効率よく行うには管理語を使います。そこでこの節では、フェーズを管理語に登録して、簡単にコーディングを行う方法について解説します。

5.1. 管理語を定義する

まず動作フェーズを管理語に登録します。図3で定義したように、人の行う動作フェーズは0：レスト、P：準備、S：ストローク、H：ホールド、R：復帰、X：その他の移行、のいずれかに分類できます。つまり、コーディングにはこのいずれかの記号を入力すればよいことになります。管理語の一般的な入力の仕方は第5章を参考にして下さい。

❶**[編集] → [管理語の編集...]** を選んで下さい。「管理語を編集する」の画面が表れます。

❷「管理語名」を入力します。ここでは「gesture_phase」としておきましょう。

❸「管理語の説明」は、あとでわかりやすいように「動作フェーズ」としておきましょう。この時点で管理語名の「追加」ボタンを押します。

❹下の「エントリ」枠に、動作フェーズの記号を入力していきます。たとえばレストなら「エントリの値」には「0」を、「エントリの説明」には「レスト」を入力します。入力し終わったら必ずエントリの「追加」ボタンを押します。
❺P、S、H、R、Xについてもそれぞれ値と説明を入力します。
❻登録済みのエントリを記号を選んで、いちばん下の「More Options...」をクリックします。
❼「Entry Shortcut Key」に、入力に使いたいショートカット・キーを入力します（図8）。
❽「Entry Color」の「閲覧」ボタンを押し、「Swatches」を押して、それぞれの記号に色を割り当てます。
❾最後に「変更」ボタンを押します。

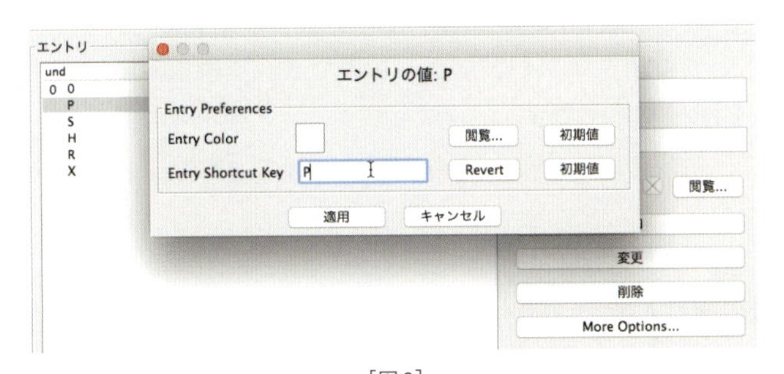

［図8］
「管理語を編集する」の「More Option」画面。
ショートカット・キーを割り当てているところ。

5.2.　言語タイプを定義する

次に、管理語と層を結びつけるために、「言語タイプ」を指定します。

❶**[言語タイプ] → [新規言語タイプの追加]**。「言語タイプの追加」画面が表れます。最初は「default-lt」という初期設定だけが表示されています。
❷「言語タイプ名」欄に適当な名前を入力。ここでは「GP」としておきます。
❸「ステレオタイプ」の右横「None」をクリック。いろいろ選択肢が出てきますが、ここは「None」を選びます。

❹「管理語を使う」の右横「None」をクリック。さきほど定義した「gesture_phase」が選択肢に表れるので、これを選びます。
❺あとは入力せずに、一番下の「追加」ボタンを押します。
❻上の欄に「GP」という新しい言語タイプが表示されます。

5.3. 層に言語タイプを割り当てる

層に上で作った言語タイプを割り当てます。まず層を新しく作るか、既存の層の特性を変更しましょう。ここでは3節で作ったA.LHという層の属性を変更します。

❶**[注釈層]→[注釈層の特性変更]**で、「注釈層の設定変更」画面を表示します。
❷「注釈層の選択」で「A.LH」を選びます。
❸「言語タイプ」の横の「default-lt」をクリックして下さい。さきほど作った「GP」という言語タイプが表示されるのでこれを選択します。
❹「変更」を押して終了です。
ちなみに、新規の層を作るときも、同じ要領で「言語タイプ」を選べば管理語が使えます。

5.4. 記号の簡易入力

これで、コーディングの準備ができました。試しに「A.LH」の層に何か注釈を作ってみて下さい。空欄が空く代わりに管理語に登録した記号のリストが表れます（図9）。マウスを動かしてダブルクリックすると、選んだ記号が注釈に入力されます。

[管理語の編集...]の「More Options...」でショートカットを登録してあれば、いちいちマウスで選択しなくても、キーを押すだけで入力が済みます（第5章参照）。色を登録してあれば、カラフルな注釈となります。色をつけることによって、入力を見やすくできるだけでなく、動作フェーズの構造が一目で見てとれ、分析に役立ちます（図10）。いったん登録した管理語も、あとで編集できるので、あとからより使いやすいショートカットや色に変更してもよいでしょう。

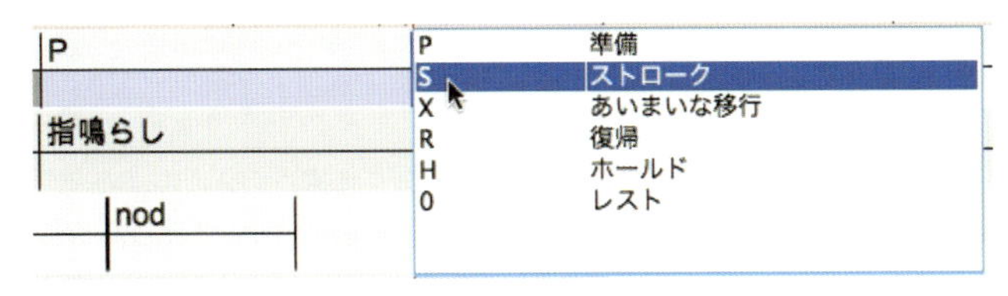

[図9]
管理語を使った注釈入力。入力の際に自動的に用いる記号がメニューで表示される。

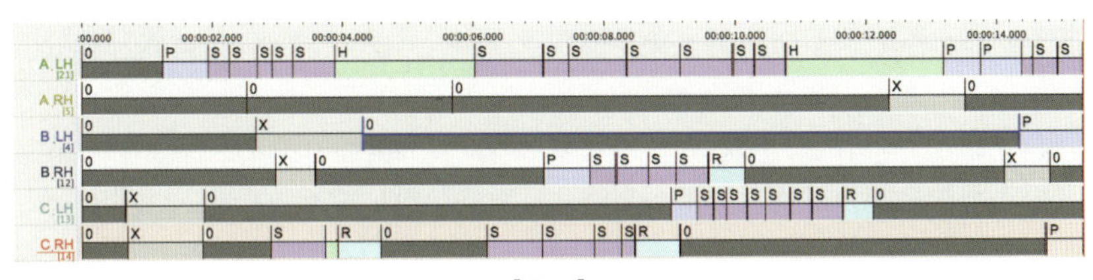

[図10]
「管理語の編集」の「More Options...」で、レスト(0)をグレーに、動作フェーズを明るい色に設定した場合。層全体を見ると動作のパターンがはっきり視覚化される。この例では、サンプルムービー内でのAの左右の手、Bの左右の手、Cの左右の手の計六つの層が視覚化されている。色つきの部分の分布から、Aが主にジェスチャーを長く持続させており、そこにBやCがときどき参入する構造が見て取れる。また、Cが右手から左手に動作をスイッチさせた10秒前後からBがすぐにレストに戻り動作しなくなることも分かる。

6 層による量的分析と質的分析の組み合わせ

6.1. 量的分析へ

管理語のおかげでコーディングは画期的に楽になり、一貫した記号で動作が記述できるようになりました。コーディングが終わったら第6章で紹介した注釈の統計を使えば、参加者ごとにそれぞれのフェーズの頻度や平均時間長を簡単にチェックできます。表計算ソフトや統計ソフトにタブ区切りデータを出力すれば、さらに複雑なデータ分析が可能になります。複数の人で評価を下すときは、評価者間の違いを評定する必要がありますが、これについては第9章4節 Cohenの κ 係数の節を参考にして下さい。また、一歩進んで、さまざまな条件でデータを絞り込みたい場合、参加者間やモダリティ間の関係を条件別で考えたい場合は、第13章を参考にするとよいでしょう。

6.2. 質的分析へ

管理語は便利な一方で、融通性に欠けます。一つ一つの動作について何か長い説明や思いつきを入れたくとも、管理語以外は使えません。最初にひたすら記号を打ち込む方が効率はよいのですが、一方で、最初に見たときにしばしば思いつくよいアイディアもどんどん忘れ去られてしまうでしょう。

こんなときは、動作フェーズのコーディング層と別に、動作フェーズに関する説明を入力する層をあらかじめ作っておくと便利です。記号入力の層は各動作フェーズの頻度や平均時間長などを量的分析するのに役立ちます。一方、説明入力の層は、それぞれのフェーズがどのように質的に異なっており、どのような文脈を持っているかを考える質的分析に役立ちます。記号をひとまとまり打って、質的な現象を思いついたらすぐに説明入力の層に書き込んでおくとよいでしょう。この作業を通して、データを記号化することでどんな情報や思考が抜け落ちるかについても実感することができます。

このように一つのデータについて、量的／質的データ分析を区別した上で層を設計すれば、双方の間を意識的に往復することが可能になり、より立体的な分析が可能になります。

本章のまとめ

- **量的／質的分析の流れ**

動作の定義→コーディング→分析

- **動作の定義**

動作は「ジェスチャー単位」と呼ばれる一連の動作から成る。ジェスチャー単位は動作フェーズとホールド（一時停止）に分けることができ、さらに動作フェーズは不連続な点を境に「ストローク」と「移行」に分かれる。「移行」はさらに、「準備」「復帰」「その他の移行」に分けることができる。

- **レストの定義**

動作が休止してリラックスした状態。ホーム・ポジションとも言う。

- **動作・レストのコーディング**

準備（P）、ストローク（S）、復帰（R）、ホールド（H）、レスト（0）

- **ELANでコーディングを行うには**

レストおよび動作フェーズを入力するための層を各参加者に設定する。

- **簡単な事例分析を行うには**

各フェーズを選択再生して、そこで他のモダリティ（たとえば発話）がどうなっているかに注目する。

- **コーディングを効率よく正確に行うには**

管理語を使って入力を視覚化する。

- **分析ごとに層を分ける理由は**

量的分析と質的分析を区別した上で、両者を往復することを可能にするため。

09 ジェスチャー分析
分類と次元

第8章では、動作の時間をいくつかのフェーズに区切って分析を進める方法について書きました。しかし、人の行うしぐさ、つまりジェスチャーに興味のある人ならもう少し別のやり方を思い浮かべるかもしれません。ジェスチャーに対して人は古来、さまざまな意味を見出し、いくつものやり方で分類してきました。その分類のいずれかに従ってジェスチャーをタイプ分けし、管理語に登録し、どんどん注釈を打っていけば研究に必要なコーディング作業が済みそうな気がします。

しかし、この手法にはいくつか考えなければならない問題が潜んでいます。まず、どの時点からどの時点までを一つのジェスチャーと見なすかという問題。次に、すでに提唱されている分類法のどれを採用すればいいのかという問題。そして、そもそもジェスチャーをタイプ別に分類すること自体が本当に妥当なのか、という問題です。

この章ではジェスチャーに関するこれら三つの問題を通して、ELANの層や注釈によってどんな分析をわたしたちは行いうるのかを考えていくことにしましょう。また、この章では「上位／下位」の層をジェスチャー分析でどう扱うかについて紹介した上で、ELAN上で評定者間の一致係数を求める方法についても簡単に紹介します。

1 ジェスチャーの範囲

1.1.　ジェスチャー単位とフェーズ

ジェスチャーを分類するにあたって、どの時点からどの時点までをひとまとまりのジェスチャーと見なせばよいでしょう。もっとも簡単なやり方は、第8章で考えた「ジェスチャー単位」、すなわちレストからレストまでをひとかたまりのジェスチャーと見なし分類することです。ただし、ジェスチャー単位の中には異質なジェスチャーがいくつか連なる場合があります。たとえば、「ええと、こういって、こういって、こういって」と手をあちこちストロークしてから、「ここなのよ、ここ」と同じところで手をぽんぽんぽんと叩く、というジェスチャーを観察したとき、その機能に注目する研究者は、前半部は経路の説明として、後半部はある場所に対する指し示しとして区別したいと思うでしょう。

ジェスチャー単位を使わないやり方としては、ジェスチャーのフェーズ（第8章2節）に注釈を加える方法があります。全部のフェーズに注釈を加えなくとも、ストローク・フェーズだけに注釈をつけてもよいかもしれません。ただ、このやり方だと、頻繁に手を往復させるような動作では注釈が煩雑になり、しかも頻度が偏る可能性があります。

1.2. ジェスチャー・フレーズ

ケンドンは、ジェスチャー単位内部で複数のフェーズから構成されるまとまりとして「ジェスチャー・フレーズ」を提唱しています（Kendon 2004）。たとえば、「ええと（P）、こういって（S）こういって（S）こういって（S）」という一連の準備と複数のストロークを一つのジェスチャー・フレーズとし、一方、「ここだよ！（S→S→S）」と指を上下する部分があるとき、別のジェスチャー・フレーズとして切り分ける、という具合です。

フレーズは複数のフェーズから成ります。ELANで記述するときは、まず動作フェーズの層を先につくっておき、その下にフレーズの層を記すようにすれば、あとでフレーズの切り分け方を再検討するときに便利です（図1）。

ジェスチャー・フレーズは、第8章で論じた「フェーズ」に比べると曖昧な概念です。フェーズには動作の方向とスピードの不連続点という明解な基準がある一方、フレーズの境界を決めるには、そこに含まれるフェーズの形

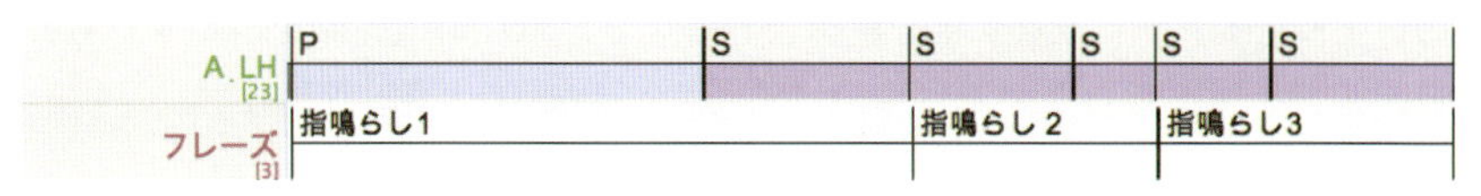

［図1］
動作フェーズの層（A.LH）の下にフレーズの層を記したところ。
上下のストロークを「指鳴らし」という一つのフレーズにまとめた。

状、方向、機能、意味、あるいは同時に行われる発話内容など、さまざまな基準を取り得るからです。フレーズの概念を使うときには、あらかじめ、どのような規則によって複数のフェーズどうしを同じフレーズとして扱うかを、自分で定義しておくことをお勧めします。

2 ジェスチャーを分類する

2.1. エクマンとフリーセンの分類

動作のフェーズやフレーズを分類するには、具体的に何を手がかりによいのでしょうか。ジェスチャーの分類に関していくつか先行研究があります（たとえばEfron 1941）が、ここでは、非言語コミュニケーション研究でよく用いられてきたポール・エクマンとウォレス・フリーセンの分類（Ekman & Friesen 1969）を紹介しておきます。

エクマンとフリーセンは以下のようにジェスチャーを分類しました。

Ⓐエンブレム（言語とは独立に用いられるもの：OKサインや手招きなど社会慣習的に意味のはっきりしたジェスチャー）
Ⓑイラストレイター（言語に伴いやすい自発的なジェスチャー）：
　B1：バトン（特に意味はない、手を周期的に動かす、リズムをとるなどの動作）
　B2：イデオグラフ：なんらかの思考の経路をたどるジェスチャー
　B3：指示：指さし（ポインティング）や手による指示など、何らかの対象に対する指し示し
　B4：空間的動き：空間関係を描くもの
　B5：キネトグラフ：実際のからだの動きを真似るもの
　B6：ピクトグラフ：対象の形を描くもの
Ⓒアフェクト・ディスプレイ（ガッツポーズやハイタッチなど、感情を表出するもの）
Ⓓレギュレイター：うなずきや視線合わせなど、お互いの発話を調整するもの
Ⓔアダプター：舌をなめる、自分で自分をさわる自己接触行動など

エクマンとフリーセンの分類に対して、より詳しい分類や、異なる考え方に基づく分け方も提唱されています。

たとえば、エンブレムについては、ヨーロッパでよく使われるものの起源をたどったモリスの『ジェスチュア』(1979/2004)が有名ですし、さまざまなジェスチャー語辞典も出版されています。一方、イラストレイターについて、マクニール(McNeill 1992)は「映像的(キネトグラフ、ピクトグラフ)」「メタファー的(イデオグラフ、空間的動き)」「指示的(指示)」「ビート(バトン)」の四つに位置づけ直して、より詳細な研究を行っています。また、イラストレイターをバヴェラスら(Bavelas et al. 1992)は話題に関する「トピック・ジェスチャー」と相手との発話をレギュレイターよりも微細に調整する「インタラクティヴ・ジェスチャー」の二つに分類し、さらにインタラクティヴ・ジェスチャーとして、自分の意見を差し出すときに使う「配達 delivery」、相手や他人の意見を引く「引用 citing」、相手に言葉探しなどの場面で助けを求める「探索援助 seeking help」、相手に発話のターンを譲る「移譲 giving turn」の4種を挙げています。

2.2 下位層の作成

ジェスチャー単位、フレーズ、フェーズのどれに対してどんな分類を行うにせよ、すでに作っておいた単位、フレーズ、フェーズの層に対して分類用の層を別に付け加え、注釈を付けることになります。

すでに作成済みの注釈に対して、別の層から同じ範囲に注釈を加えたい場合、ELANでは「下位層」を作ります。下位の層を作る詳しい手順は第5章2節をご覧下さい。

【新規に言語タイプを追加する】

❶**[言語タイプ]** → **[新規言語タイプの追加]**。「言語タイプの追加」画面が表れます。

❷「言語タイプ名」欄に適当な名前を入力。ここでは「free」としておきましょう。

❸「ステレオタイプ」の右横「None」の表示をクリック。ここでは、「Symbolic Association」を選びます。これで、上位層の注釈と全く同じ位置、幅に書き込めます(第5章参照)。

❹「管理語を使う」の右横「None」をクリック。ここでは記号入力を用いな

い自由な入力を行うことを想定して、「None」を選びます。分類項目がはっきりしているならあらかじめ管理語を作っておくとよいでしょう。

❺あとは入力せずに、一番下の「追加」ボタンを押します。

❻上の欄に「free」という新しい言語タイプが表示されます。

次は下位注釈層を作ります。

❶**[注釈層] → [新規追加...]**。「注釈層の追加」が表示されます。

❷適当な注釈層名、話者を入力する。

❸「上位注釈層」の右横「none」をクリック。他の層が表示されます。

❹上位となる層を選ぶ。たとえば動作のフレーズ層を選ぶと、フレーズに注釈をつけることができます。

❺言語タイプとして、先に作った「free」を選びます。

❻追加ボタンを押します。

これで、動作の記号を入力する上位層と、その下にぶらさがり自由な記述を入力できる下位層ができました。この下位層を範囲指定すると上位層と同じ範囲に空欄の位置を揃えてくれるので便利です。たとえば、上位層のフレーズに対して、下位層でフレーズの分類をつけることができるでしょう（図2）。入力するときは、見やすいように、層の順番を入れ替えて（第2章参照）、フェーズの真下にフレーズ層やフレーズの分類層を移動させましょう。

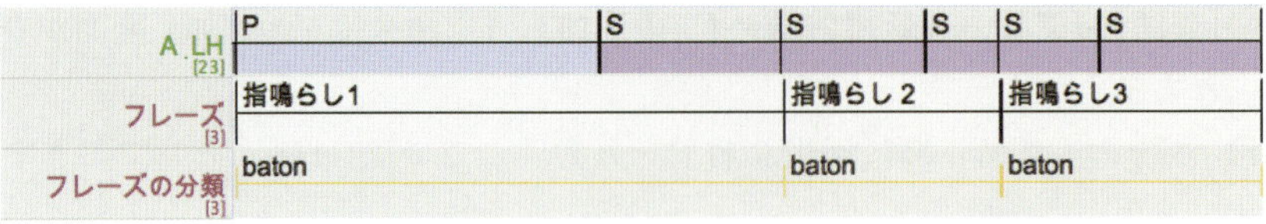

A.LH [23] P S S S S S
フレーズ [3] 指鳴らし1 指鳴らし2 指鳴らし3
フレーズの分類 [3] baton baton baton

［図2］
上から動作フェーズ(A.LH)、ジェスチャー・フレーズ、フレーズの下位層の分類層。
ここでは指鳴らしの各フレーズはリズミカルな「baton」として分類されている。

2.3. 分類別の頻度を利用する

ELANを用いて手軽にできる分析の一つは、分類別にコーディングを行った上で、ジェスチャーの頻度を条件別に集計することです。たとえば、直に対面している会話とメディアを介した遠隔会話とでジェスチャーの頻度を比べる分析や、ジェスチャーの発し手の思考と特定のジェスチャー・タイプの頻度、聞き手の理解の度合いとジェスチャー・タイプとの間で相関を測る分析が考えられます。こうしたジェスチャーの定量的研究に関しては多くの先行研究があるので、簡単な入門書としてはナップら（Knapp et al. 2014）の第7章を、近年の動向についてはスーザン・ゴールディン-メドウによるいくつものレヴュー（たとえばNovack & Goldin-Meadow2017）などを参照するとよいでしょう。注釈の集計の仕方については第6章を参照して下さい。

3 分類から次元へ

3.1. 排他的分類の問題点

一般に、一つの対象を一つのカテゴリーだけに属させることを「排他的分類」と呼びます。ELANで管理語を用いて行うのはこの排他的分類です。ジェスチャーで排他的分類を行うには、たとえばエクマンとフリーセンの分類を使って、会話中のデータをフェーズごと、もしくはフレーズごとにカテゴリー分けするという方法が考えられます。

しかし、実際にやってみると、排他的分類は見かけほど簡単ではないことがわかります。たとえばサンプルムービーを見てみましょう（図3）。

Aさんは指鳴らしを繰り返しています。この動作は、実際のからだの動きをやってみせているのですから、イラストレイターの一種であるキネトグラフとして分類できそうです。しかしその一方で、Aさんは相手に差し出すように指を鳴らすことで、自分の発話権を調整しているようにも見えます。その意味ではレギュレイターと言えるかもしれません。人によっては、Aさんの行為は「指を鳴らす」という動作そのものであり（実際に包丁を使う動作をジェスチャーとは呼ばないように）そもそもジェスチャーの分類には当てはまらない、と思うかもしれません。このように、一つの動作が複数の機能や意味を持つように見える場合や、どの分類にも当てはまらないように思える場合は、どう

［図3］
Aさんが指を鳴らして見せる動作は、どんなジェスチャーとして分類すべきか？

扱うのが妥当なのでしょうか。

一つの考え方は、紛らわしいものは除いて、はっきり分類できるジェスチャーだけを分析対象にする、というやり方です。そしてもう一つの考え方は、そもそも一つのジェスチャーを一つの分類だけに落とし込む必要はない、というものです。

3.2. 次元という考え方

ジェスチャー研究で著名な心理言語学者デイヴィッド・マクニール（McNeill 1992, 2005）は、映像性、メタファー性、直示性、リズム標識性（ビート）、インタラクティヴ性、エンブレム性、語用論性、視点など、ジェスチャーのさまざまな問題を扱ってきました。

しかし、マクニールの主張で重要なのは、これらの問題を「分類」としてではなく「次元」として提唱した点です。分類と次元の大きな違いは、排他的かどうかです。分類では通常、ある一つの類に属するものは他の類に属しません。映像性ジェスチャーとして分類されたものは、メタファー的ジェスチャーには分類されません。しかし、分類ではなく次元として考える場合、一つの動作について映像性もあればメタファー性もリズム標識性もある、という風に重複が許されます。たとえば先のAさんの例で言えば、Aさんの動作は、指鳴らしという動作そのものであると同時に、リズム標識性を持ち、さらに指を鳴らすという動作を表す映像的次元を持ち、また発話権を調整するインタラクティヴな次元をも持っているということになります。

このように次元という考え方は、一つの動作の持つ多面性を考える入口なのです。

3.3. 次元を層に反映させる

マクニールの「次元」的な考えをELANの分析に反映するにはどうすればよいでしょうか。

それには、次元ごとに層を分けるとよいでしょう。たとえば、「映像性」という下位の層を作って、映像性が明らかに見られるなら「2」、少し見られるなら「1」、ほとんどないなら「0」を付けます。「メタファー性」「直示性」「リズム性」といった層も別に作り、それぞれの度合いを3段階くらいで評価します。評価は、次元ごとに独立に行い、他の次元と評価の高さが重なってもよいことにします（図4）。

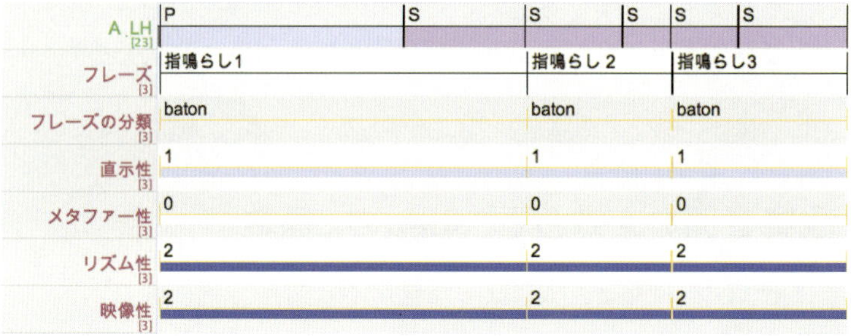

［図4］
次元ごとに層を増やした例。各フレーズについて、直示性、メタファー性、リズム性、映像性のそれぞれ次元を0-2の三段階で評価している。直示性、リズム性、映像性で評価が重なっていることに注意。ジェスチャーの分類の考え方では「baton（リズム性）」の一通りだけが記されており、このような結果にはならない。

次元は量的に分析することもできます。たとえば映像性について、その度合いが「2」である注釈の頻度や平均時間長、総時間長などを調べ、参加者や条件ごとに比較するという方法が考えられます。

次元ごとに層を作ることにはデメリットもあります。層が増えるほど、視認しにくくなり、入力作業が煩雑になるということです。ただ、ELANを使うなら、煩雑さはかなり軽くなります。手作業でジェスチャーをコーディングするのに比べて、一つの注釈の下に同じ時間範囲でもう一つの評価を書き込むのは、さほどの手間ではありません。それに、実際のところ、一つのジェスチャーにたくさんの次元の評価が重なることは、さほど多くありません。たいていのジェスチャーは2、3個の次元を評価すればこと足りるでしょう。目障りな層は右クリックして、それぞれ一時的に隠しておくこともできます。

3.4. 次元を扱うときの注意

動作の次元としては、先に述べたように、映像性、メタファー性、直示性、リズム標識性、インタラクティヴ性、エンブレム性、語用論性、視点など、さまざまな問題が考えられます。もしそのすべてを網羅しようとしたら、とてつもない時間がかかることでしょう。研究に際しては、ジェスチャーのあらゆる次元を網羅するよりも、たとえば「リズム標識性に注目する」という風に考察の対象とする次元を絞り、主にその層について注釈をつけていくのがよいでしょう。

4 観察者間の一致度とCohenのκ係数

分類にせよ次元にせよ、人によって注釈の仕方や評定にばらつきが生じます。複数の人に注釈をつけてもらった場合は、それぞれの人がつけた注釈がどれくらい一致しているかを示す必要がでてきます。

これは一般的に「観察者間（評定者間）の一致」と呼ばれる問題です。こうした一致度を測る尺度としてCohenのκ（カッパ）がしばしば用いられます。κは、評定者間で評定が一致した注釈の割合をもとに計算される係数で、−1から1までの値をとります。−1に近づくほど観察者間の評定は不一致、1に近づくほど一致、0付近ならば二者の評定の一致度は偶然のレベルです。おおよその目安ですが、

0.4未満：あまり一致していない
0.4以上0.75：まずまず一致
0.75以上：強い一致

と考えておくとよいでしょう（Fleiss 1981）。κにはさまざまな改訂バージョンがありますが、それらの詳しい計算法や意味についてはさまざまな教科書（たとえばBakeman & Quera 2011, Cooper et al. 2007）やwebに解説がありますので詳細は割愛します。

ELANには観察者間で注釈が一致した個数とCohenのκを求める機能がついています。κはどのバージョンも、観察者間で注釈が一致した個数をもとに計算できるので、ELANの結果をもとに自分で計算するのもよいでしょう。手順は以下の通りです。

【観察者間の一致度とκ係数を計算する】

❶［ファイル］→［Multiple File Processing］→［Calculate Inter-Annotator Reliability...］を選ぶ。

❷「Method selection」の画面が出る（図5）ので「by calculating（modified）kappa」を選ぶ。

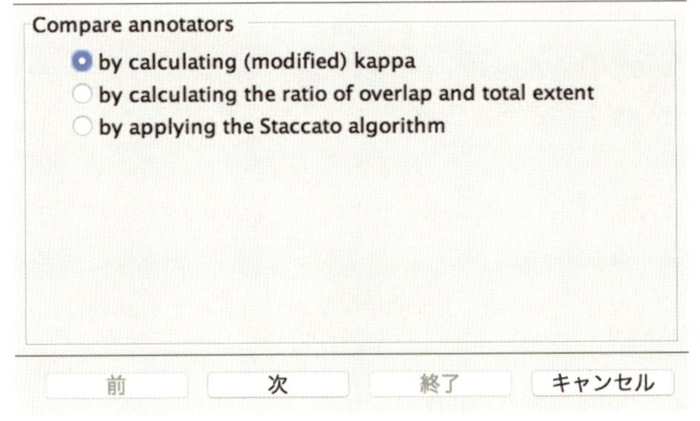

［図5］
観察者間の一致係数κの計算を選択する画面

❸「Specify the required percentage of overlap to match annotations」の画面が出るので、二つの注釈の範囲がどれくらいオーバーラップしている場合を比較の対象にするかを設定します（評定者によっては、そもそも注釈の時間の範囲も異なる場合があるからです）。とりあえず60%を選んで、「次」を押します。

❹「Document and tier configuration」では、比べる層およびファイルのありかを、二つの項目について指定します（図6）。選択肢の意味は以下の通りです。

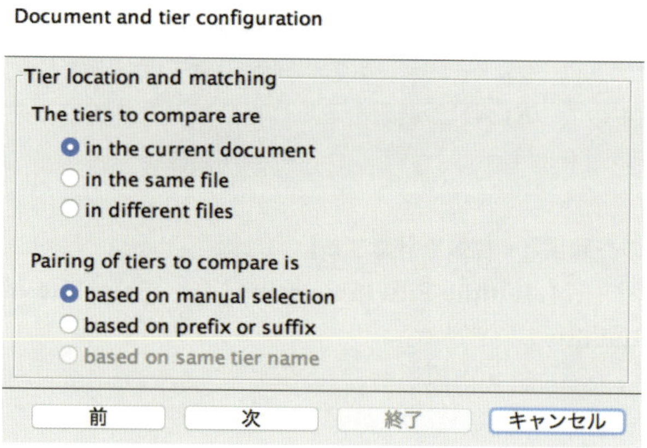

Document and tier configuration

Tier location and matching

The tiers to compare are

- in the current document
- in the same file
- in different files

Pairing of tiers to compare is

- based on manual selection
- based on prefix or suffix
- based on same tier name

前　次　終了　キャンセル

［図6］
κ係数の計算で、比較する二つの層がどこにあるかを指定する。

比べるための層（The tiers to compare are）が

- 現在のドキュメントにあるか（in the current document）
- 現在使用中のファイルの中にあるか（同じeafファイルを使っているドキュメントが対象）
- 別のファイルにあるか（in different files）

比べる二つの層を（Pairing of tiers to compare is）

- 手作業で選ぶ（based on manual selection）
- 記号がprefix（たとえばX_gesture, Y_gesture, ...）かsuffix（たとえばgesture_X, gesture_Y, ...）になっている層から選ぶ
- 同じ層の名前から選ぶ（based on same tier name）

ここでは、同じドキュメントの二つの層を比べるので、いちばん上の「現在のドキュメント」と「手作業」を選びましょう。

❺次の画面で、上下に層の候補が現れるので、それぞれ比べたい層を一つずつ選びます。
❻結果の保存先をきいてくるので、適当なファイル名を選びます。
❼結果はテキストファイルとなり、各数値はタブで区切られているので、Excelなどの表計算ソフトにコピー＆ペーストで表1のように貼り付けます。

表1の例は、動作フェーズの評定を二人の観察者に行ってもらった場合の結果です。まず、二人の観察者が動作フェーズの注釈を行った結果について、各値のκ係数（kappa）および注釈が一致した割合（raw agreement）が示されます。全体のκ（Global results）は0.6以上なので、二人の評定はまずまず一致していると言えます。

表1の下部分Global Agreement Matrixでは、個々の値について注釈の一致／不一致がどれくらいあったかについて、第一の観察者First annotatorが行で、第二の観察者Second annotatorが列で示されています。この例では特にP（準備）の評定で不一致が多く見られることがPの行、列に注目するとわかります。とりわけ結果が割れているのがPとS（ストローク）の間です。このような場合は、どんな動作がPでどんな動作がSなのかについて、観察者どうしで再度確認するか、観察を統括している研究者が定義をはっきりさせて、結果が割れている箇所を再度コーディングするとよいでしょう。結果が割れたデータは、分類の難しいデータとして統合してしまうという選択肢も考えられます。

[表1]
ELANによる κ 係数の計算結果を表計算ソフトにコピー&ペーストしたもの。

Results per value	kappa	kappa_max	raw agreement
O	0.6462	0.6462	0.9565
H	0.6462	0.6462	0.9565
P	0.4026	0.7013	0.8261
R	1	1	1
S	0.6378	0.8189	0.8261

Global results (incl. unlinked/unmatched annotations):

kappa_ipf	kappa_max	raw agreement
0.6302	0.7781	0.7826

Global results (excl. unlinked/unmatched annotations):

kappa (excl.)	kappa_max (excl.)	raw agreement (excl.)
0.6302	0.7781	0.7826

Global Agreement Matrix:

First annotator in the rows, second annotator in the columns

	O	H	P	R	S	Unmatched
O	2	0	0	0	0	0
H	2	2	0	0	0	0
P	0	0	4	0	2	0
R	0	0	0	4	0	0
S	0	0	6	0	24	0
Unmatched	0	0	0	0	0	0

本章のまとめ

- **どこからどこまでをひとまとまりのジェスチャーとして扱うか**

ジェスチャー単位を使う。

ジェスチャー・フェーズを使う。

ジェスチャー・フレーズを使う。

- **ジェスチャーを分類するには**

エクマンとフリーセンの分類をはじめいくつもの分類法がある。

単位、フェーズ、フレーズのいずれかに対して下位層を作り、分類を記すとよい。

分類別の頻度を集計すればさまざまな分析が可能になる。

- **分類から次元へ**

一つのジェスチャーに対して一つの排他的分類を考えるよりも、複数の次元を考える方がよい場合がある。

次元ごとに下位層を作るとよい。

- **観察者間の一致度を調べるには**

Cohenのκを計算する。

［ファイル］→［Multiple File Processing］→［Calculate Inter-Annotator Reliability...］でκをはじめ一致度に関するさまざまな計算、分析ができる。

10 視線分析
管理語と上位／下位層を使いこなす

「目は口ほどに物を言う」というように、視線はコミュニケーションの大切な情報を伝えます。視線研究のパイオニアの一人、ケンドンは話者交替の際に話し手と聞き手の視線が交差することに注目し、話し手が話者交替を視線で合図し、聞き手もそれを視線で受け入れるのだとしました（Kendon 1967）。ケンドンのこの考えは、聞き手からの視線を受けていない話者が、発話を休止したり再開したりすることや（Goodwin 1981）、大ぶりなジェスチャーや聞き手への身体接触を行うこと（Heath 1986）からも確かめられています。

三人以上の会話では視線はさらに複雑な機能を持っていることも最近明らかになってきました。たとえばラーナーは、次話者にならない聞き手もまた、話し手の視線を見て自身が次話者として選択されていないことを知っている必要があると述べています（Lerner 2003）。榎本・伝（2011）は、話し手に見られた聞き手が次話者になる優先権を持っていること、そして話し手に見られていない聞き手が次話者になるためには、この優先権のある聞き手に視線をむけて出方をうかがうことを明らかにしました。会話を円滑に進めるためには、話し手がどこを見ているかだけでなく、他の聞き手たちがどこを見ているかも重要な情報となってきます。目の持つ情報は、視線の向け先や向け変えが多くの部分を占めていると考えられます。ここでは、そういった視線の向きをコーディングする方法を紹介します。

1 視線について

例えば、図1のようにAさんBさんCさんが時計回りに座っているとします。図2に会話中のある箇所のCさんの視線の向け先をコーディングした例を示します。

図中、上部の2本の帯は、上段が視線の向け先の参与者名（この場合は、Bと

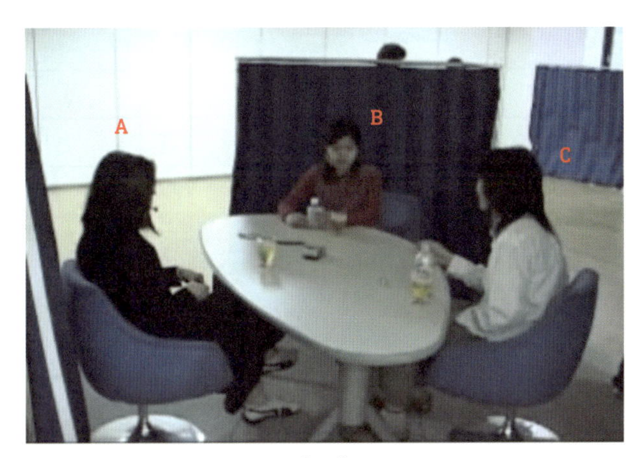

[図1]
千葉大学3人会話コーパス

A)、下段は視線が移動中であるのか（T:Transitionの略）固定されているのか（H:Holodの略）というフェーズを表しています。このT、Hという視線移行フェーズに関する記号はジェスチャー・フェーズである準備、ストローク、復帰といった概念を視線の動きに特化させて簡略化したものです。帯の上の数字は会話開始地点からの経過時間（秒）を示します。まず、1ではCさんの右手にいるBさんへ視線移行がなされ（20.520〜20.653秒の区間）、2でBさんに固定されます（20.653〜22.154秒の区間）。次に、3でCさんは左手に座っているAさんへ視線を移動させ（22.154秒〜22.280秒の区間）、4でAさんに視線を固定します（22.280〜22.889秒の区間）。視線の向け先を記す上段には、ある人への視線の向け始めから視線固定の終点まで、その向けられていた参与者名を記しておきます。例えば、20.520〜22.154秒の区間は「B」への視線、22.154〜22.889秒の区間を「A」への視線といった具合です。

ここでひとつ問題になるのは、視線の向け変え区間には先の参与者から視線を外すという動作も含まれ、「視線の向け終わり」（ジェスチャーでいう「復帰」）という区間を設けなくてもよいのかということです。しかし、この動作はほんの一瞬でビデオの1/30秒単位のフレームには映らないこともあります。たまたまフレーム内に生じて記録できているものだけを書き起こしたのでは、その出来事の生起頻度や生起位置の体系性を論じることができなくなってしま

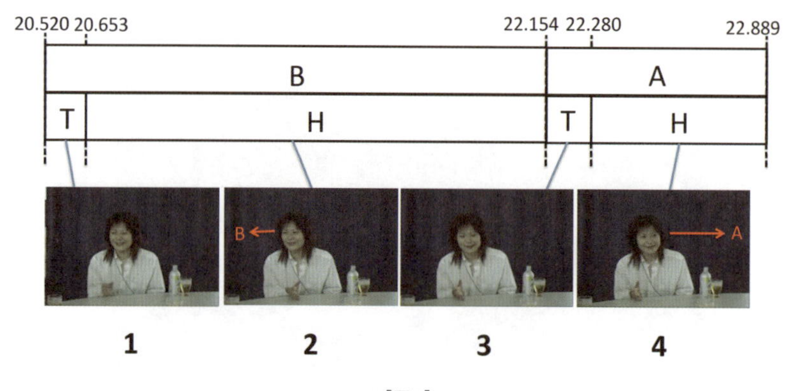

［図2］
Cさんの視線のコーディング例

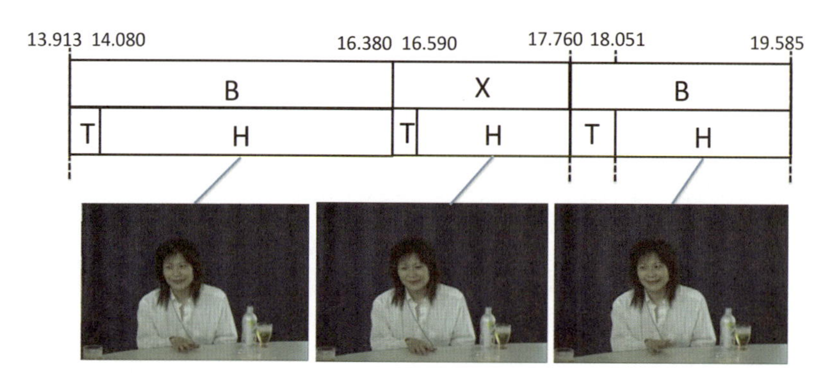

［図3］
視線がそれた時のコーディング

います。そこで、視線はすべて固定か移動中かで二分し、移動先の方だけをコーディングするという方式を取ることにします。つまり、移動にはある参与者への視線の向け終わりである復帰と別の参与者への視線の向け始めである準備の両フェーズが含まれることになります。この方式をとると、人は起きている限り常にどこかを見ているので、視線の層は隙間なくなんらかの視線の向け先が付与されることになります。もし、考え事をして空を見るとか手元を見るというようなことがあれば図3のように向け先をXとして付けると、他の参与者へ向けられた視線と同様のコーディング方式を取ることができます。

2 ELANで視線コーディングを行うには

それではELANで視線コーディング用の層を作ってみましょう。すでにELAN用の新規ファイルは作成され、映像や音声とリンクされた状態から始めます。

ここでのポイントは2点あります。まず、入力をスムーズに行えるよう、管理語を定義すること（第5章参照）。視線の向け先、視線のフェーズという二つのできごとを連動させるよう、二つの層の間に上位／下位の関係を作ること（第5章参照）です。主な段取りは以下の通りです。

- 第一の管理語を編集し、言語タイプを設定した上で、視線の向け先用の（上位）層を作る（4節）。
- 第二の管理語を編集し、言語タイプを設定した上で、視線フェーズ用の（下位）層を作る（5節）。

では、さっそく始めましょう。

3 視線の向け先用（上位）の層を作成

3.1. 管理語の編集

まず視線の向け先の選択肢をプルダウンメニューから選ぶための管理語を作ります。管理語の一般的な編集の仕方については第5章を参考にして下さい。

❶メニュー・バーの［**編集**］→［**管理語の編集...**］をクリック。
❷「管理語を編集する」というポップアップウィンドウが開きますので、「管理語名」の欄に管理語として登録したい名称を記入します。ここでは「Gaze_Direction」としましょう。

❸現在の管理語の右隣りにある「追加」をクリックします。そうすると、「現在の管理語」というリストに記入した名称が表示されます（図4）。

❹次に選択肢の候補となる値を「エントリの値」という欄に記入し（図4①）、その下の「追加」というボタンをクリックします（図4②）。そうすると、左側の「エントリ」という枠の中にその値が追加されます。ここではAさんへの視線という意味で「A」を登録しています。

❺続けて、他の候補となる値も「エントリの値」という欄に記入し、「追加」していきます。Bさんへの視線を表す「B」、Cさんへの視線を表す「C」、参与者以外への視線を表す「X」を追加しています。

❻すべての候補を追加し終わったら、「閉じる」ボタンを押します。

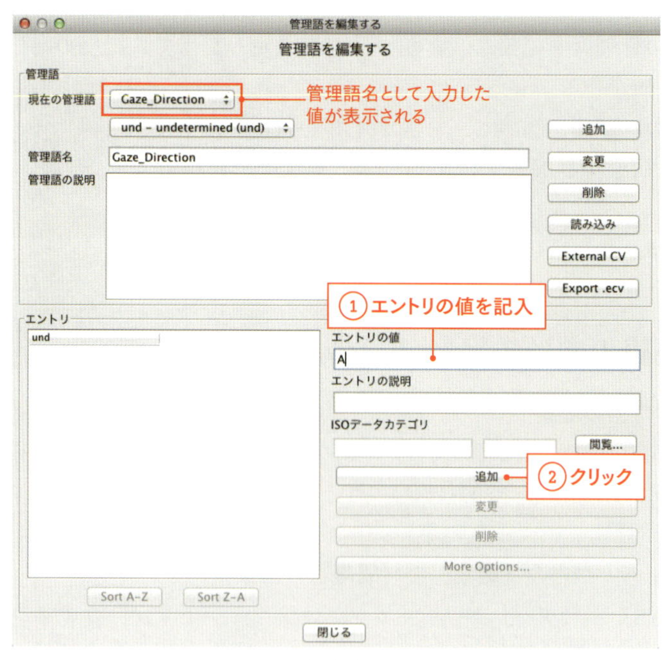

［図4］
エントリ値の入力

3.2. 言語タイプの設定

前節で作成した管理語を利用するために「言語タイプ」を定義します。

❶メニュー・バーの［**言語タイプ**］→［**新規言語タイプの追加**］をクリックします。

❷図5の「言語タイプの追加」ポップアップウィンドウで、「言語タイプ名」のボックスに言語タイプの名称を記入します（図5①）。これから定義づけようとする内容が分かるような名称にしましょう。この場合であれば、視線の向け先に関する言語タイプであることが分かりやすいように「gaze_direction」としています。次に、「管理語を使う」から先ほど設定しておいた選択肢のリストである管理語名「Gaze_Direction」を選びます（図5②）。最後に「追加」ボタンをクリックします（図5③）。

❸「現在の言語タイプ」の一覧表に今追加した言語タイプ名が表示されたことを確認して、「閉じる」ボタンを押します。

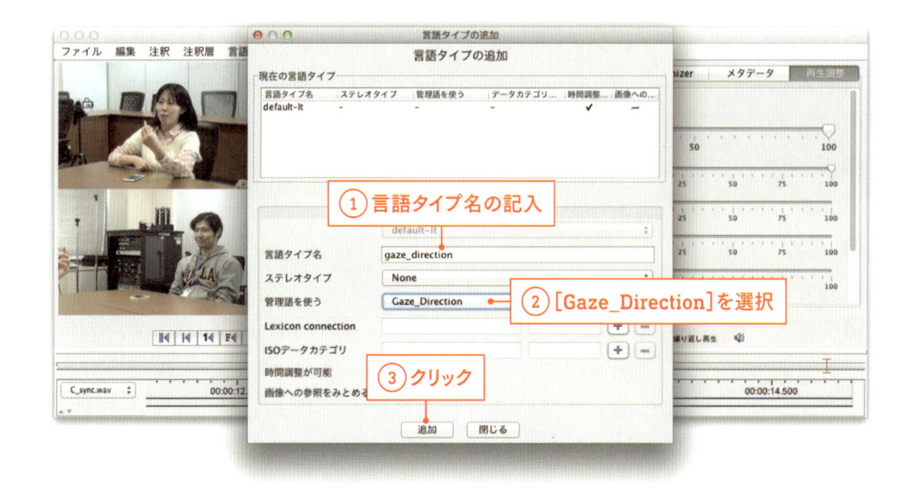

［図5］
言語タイプの追加ウィンドウでの設定

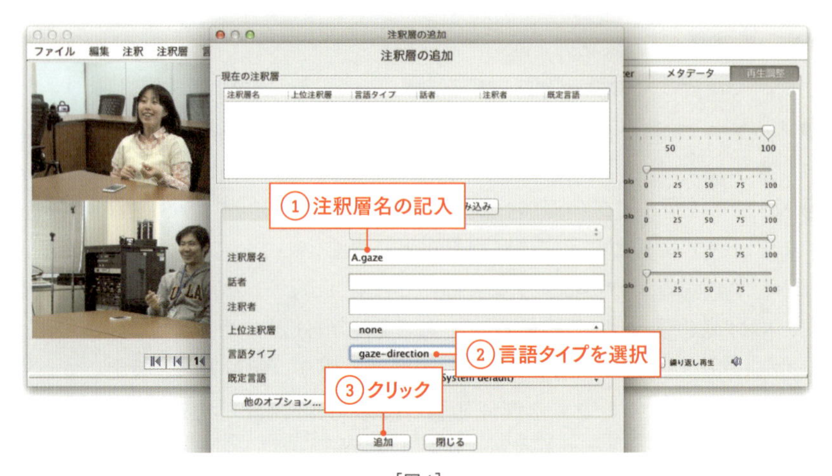

［図6］
視線の向け先を記述するための層の追加

3.3. 視線の向け先用層の作成

最後に、視線の向け先をコーディングするための層を新規追加します。

❶メニュー・バーの **［注釈層］→［新規追加...］** をクリックします。

❷「注釈層の追加」ウィンドウが開くので、「注釈層名」の空欄に層の名称を記入します（図6①）。たとえば、ここではAさんの視線の向きをラベリングすることを示すA.gazeという名称を入力しています。

❸言語タイプというプルダウンメニューから先ほど作成した「gaze-direction」を選びます（図6②）。

❹「追加」をクリックします（図6③）。上部の「現在の注釈層」という欄に新しい注釈層が追加されます。

❺続けて、他の参与者の視線をラベリングする層も追加していきます。先ほどと同じように、「注釈層名」に他の参与者、例えばBさんの視線をコーディングするため、B.gazeという注釈層名を記入します。言語タイプが先ほど選択した「gaze-direction」になっていることを確認して、「追加」をクリックします。

❻全参与者分の層が追加できたら、「閉じる」ボタンを押します。

❼ELAN本画面中に全参与者分の視線の向け先をつける層ができます。

4 視線フェーズ（下位）の層を作成

ここからは、視線移行の状態を表す視線フェーズをコーディングするための下位の層を作ります。

4.1. 管理語の編集

上位層と同様に、まず視線フェーズの選択肢をプルダウンメニューから選ぶための管理語を作ります。

❶メニュー・バーの **[編集] → [管理語の編集...]** をクリックします。

❷「管理語を編集する」ポップアップウィンドウが開きますので、「管理語名」の欄に管理語として登録したい名称（ここでは、「Gaze_Phase」）を記入し、右隣りの「追加」ボタンをクリックします。そうすると、「現在の管理語」というリストに追加した名称が表示されます（図7）。

❸選択肢の候補となる値を「エントリの値」（図7①）という欄に記入し（例えば、視線移行フェーズを表す「T」）、「追加」ボタンをクリックします（図7②）。

❹続けて他の候補となる値も「エントリの値」という欄に記入し（例えば、視線固定フェーズを表す「H」）「追加」ボタンをクリックします。

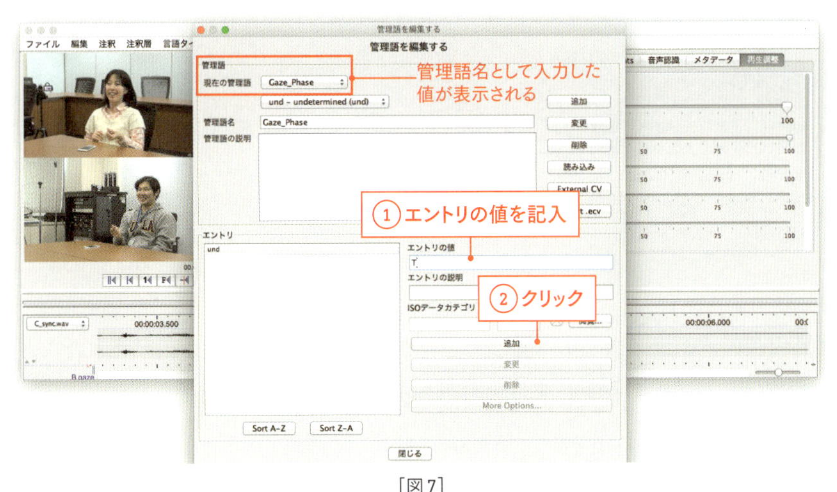

［図7］
視線の向け先を記述するための層の追加

❺「エントリの値」を入れ終えたら「閉じる」ボタンを押します。

4.2. 言語タイプの設定

4.1.で作成した管理語を利用するために「言語タイプ」を定義します。

❶メニュー・バーの**［言語タイプ］→［新規言語タイプの追加］**をクリックします。

❷図8の「言語タイプの追加」ポップアップウィンドウで、①「言語タイプ名」のボックスに言語タイプの名称を記入します。ここでは、視線フェーズ層の定義であることが分かりやすいように「gaze_phase」と入力しています。次に、②「ステレオタイプ」のメニューから「Time Subdivision」を選択します（第5章参照）。そして、③「管理語を使う」から先ほど設定した選択肢のリストである管理語名「Gaze_Phase」を選び、④「追加」ボタンを押します。

［図8］
言語タイプの追加（下位注釈層）

❸「現在の言語タイプ」の一覧表に今追加した言語タイプ名が表示されたことを確認して、「閉じる」ボタンを押します。

4.3. 視線フェーズ用層の作成

最後に、視線の向け先用の層の下位層にあたる視線フェーズをコーディングするための層を新規追加します。

❶メニュー・バーの［注釈層］→［新規追加...］をクリックして選びます。

❷図9に示すように「注釈層の追加」ポップアップウィンドウで、①「注釈層名」を記入し、②「上位注釈層」として関連付けたい層を選びます。ここでは、Aさんの視線のフェーズをコーディングするので、層の名は「A.gaze.phase」とし、上位注釈層で「A.gaze」を選びます。③「言語タイプ」として、視線フェーズ用に作成した「gaze_phase」を選択します。最後に④「追加」ボタンをクリックします。

❸「現在の注釈層」に「A.gaze.phase」が追加されたことを確認してください（図10）。

❹続けて、他の参与者用の視線フェーズをコーディングするための層も作っていきます（図10）。①「注釈層名」に「B.gaze.phase」と記入し、②「上位注釈層」に「B.gaze」、③「言語タイプ」に「gaze_phase」を選んで、④追加します。Cさんについても同様に追加したら、「閉じる」ボタンをクリックします。

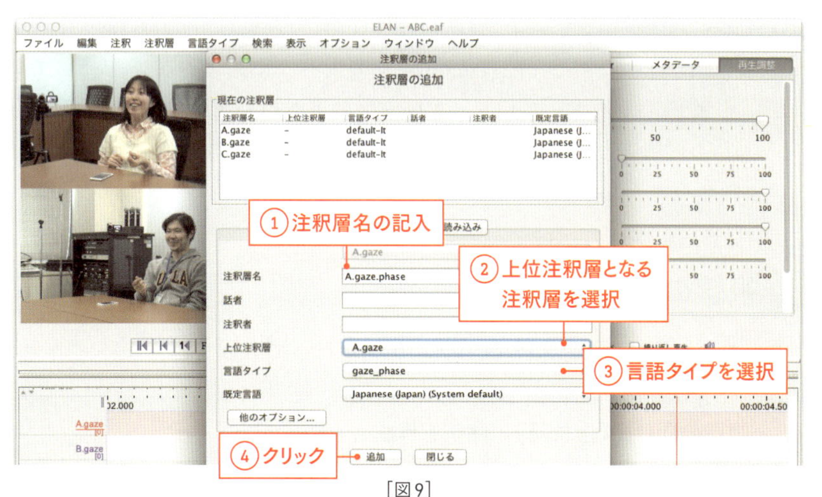

［図9］
下位注釈層の新規追加

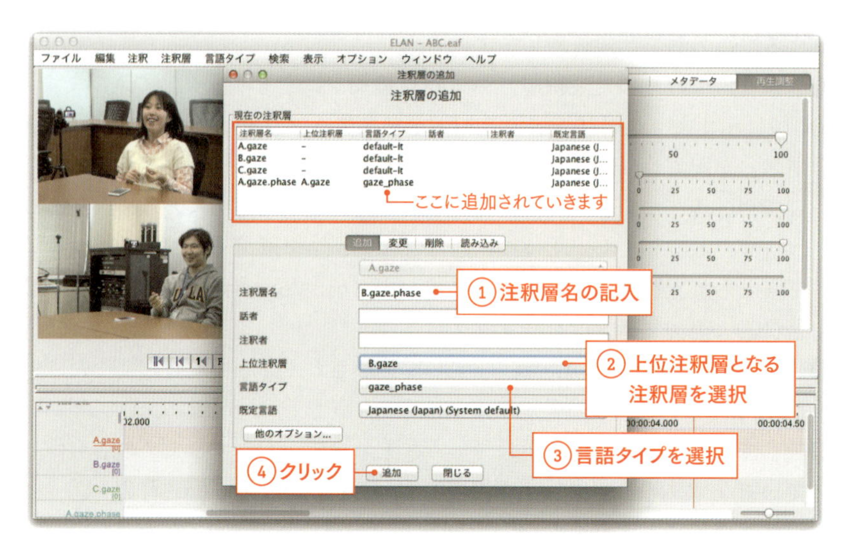

［図10］
他の参与者の下位注釈層も追加

❺ELAN本画面中に全参与者分の視線の向け先をつける層（上位層）と視線フェーズをつける層（下位層）ができます。

❻コーディングがしやすいように層の表示位置を変更します（第2章「ELANの基本操作」参照）。できた「A.gaze.phase」の上へマウスカーソルを持っていき、ドラッグ＆ドロップして「A.gaze」の下へ持っていきます。「B.gaze.phase」も同様にして「B.gaze」の下へ持っていきます。そうすると人ごとに層がそろって見やすくなります（第3章参照）。

5 視線のコーディング

それでは、いよいよ視線のコーディングを行っていきましょう。

5.1. 視線の向け先（上位層）の注釈を作成

サンプルファイルを例にまずは視線の向け先のコーディングの方法を説明します。ELANで注釈を作成する方法は二通りあります。

［図11］
ドラッグして注釈範囲選択

【その1：マウスでドラッグして範囲を決めるやり方】

❶図11の左上の女性Aさんの視線をコーディングしていきます。まず、①これから注釈を入れたい層ラベルの名前部分（ここでは「A.gaze」の上）をダブルクリックして、色を反転させます。層名の下に下線が引かれます。次に選択再生コントロール部の②左右のピクセル送り／戻しやフレーム送り／戻しのボタンを使って、Aさんの視線がある地点から別の地点へ移行開始されるポイントを見つけます。その地点より1ピクセル前が視線固定の終了地点になるので、そこまで③マウスでドラッグして選択します。

❷選択した区間内をダブルクリックすると4.1.で定義した管理語が表示されるので、選びたい項目の上をダブルクリックします。

❸選択した項目が入力されます。

【その2：クロスヘアのピクセル／フレーム送りで範囲を決めるやり方】

❶図12を参照してください。①注釈を入れる層ラベルが選択されていなけれ

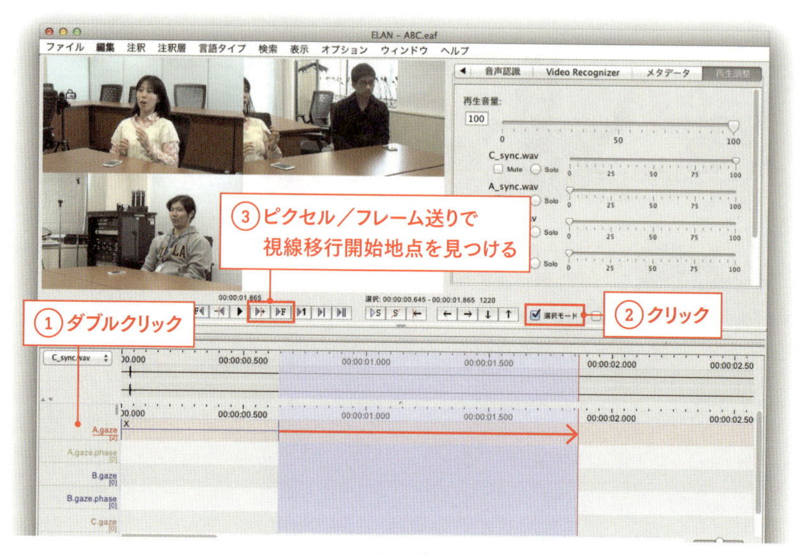

［図12］
ピクセル／フレーム送りで選択範囲を指定

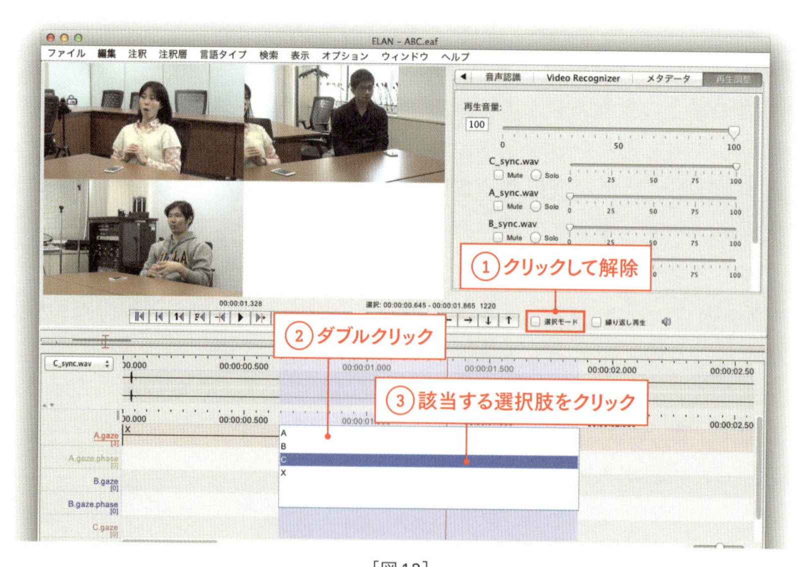

［図13］
選択モードを解除してラベルを選択

ば、ダブルクリックして選択します。前の注釈の末尾にクロスヘアを移動させておき、②選択モードのチェックボックスをクリックしてチェックを入れます。この状態で、選択再生コントロール部の③左右のピクセル送りやフレーム送りボタンを使って視線の固定が終了する地点までクロスヘアを移動させます。クロスヘアの移動した範囲が選択されていきます。

❷視線固定の終了点が見つかったら、①選択モードのチェックをクリックして外し、選択されている範囲のうえで②ダブルクリックして③該当するラベルを選びます（図13）。

5.2. 視線の向け先（上位層）の注釈ラベルを修正

一度選んだ注釈ラベルを変更するには、❶変更したい注釈の上をダブルクリックし、❷表示された管理語メニューから選び直したいラベルをダブルクリックします。

6 視線フェーズ（下位層）の注釈を作成

6.1. 他の参与者への視線

ここからは、視線が移動中（T）かどこかに固定（H）かというフェーズを入力していきます。下位層への注釈の入力の仕方については第4章も参照して下さい。

❶対応する上位層の視線の向け先ラベルをクリックして選択し（図14①）、その下位層の注釈層ラインの上をダブルクリックします（図14②）。

❷選択肢の候補が出てくるので、該当するラベル（この場合は「T」）を選択し、ダブルクリックします。そうすると、下位層に上位層と同一の範囲を持つ注釈が一つできます（図15）。

❸できた注釈の上で右クリックし（図16①）、でてきたメニューの中の「後ろに新規注釈を追加」をクリックします（図16②）。

❹選択肢の候補が出てくるので、該当するラベル（この場合は「H」）を選択し、ダブルクリックします。そうすると、上位層の範囲が「T」と「H」に2分され、二つの注釈ができます（図17）。

［図14］
上位層の該当ラベルを選択

［図15］
下位層に一つの注釈ができる

［図16］
後方に新規注釈を追加

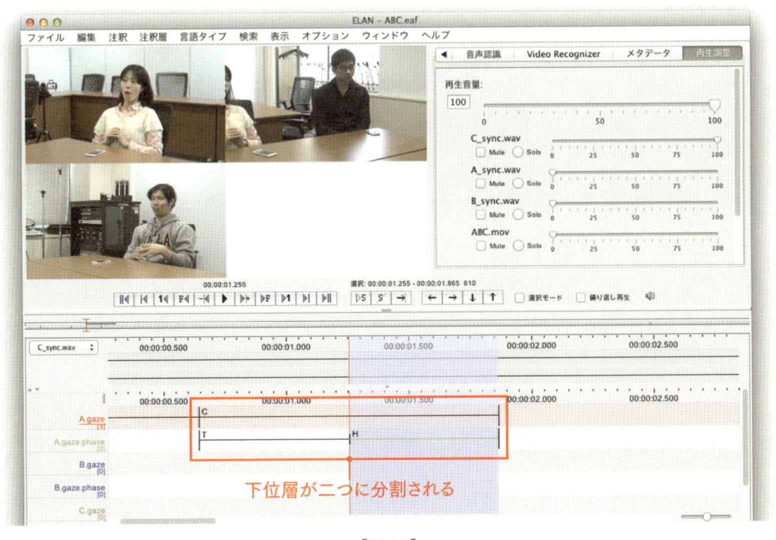

［図17］
二つに注釈が分割される

［図18］
注釈の分割地点を修正

❺「T」ラベルの終点（「H」ラベルの開始点）にクロスヘアを移動させ、クロスヘア上にマウスカーソルを合わせた状態でOptionキーを押します。するとカーソルがポインターの形態から列幅のサイズ変更時の形態へ変わるので、ドラッグして正しい「T」の終点へ移動させる（図18）。

なお、ここでは先にくる注釈のラベル「T」を先に作る方法を説明しましたが、逆のやり方もあります。後方にくる「H」を最初一つのラベルとして作っておき、右クリックから「前に新規注釈を作成」を選んで「T」ラベルを選ぶという方法もあります。手間としてはどちらもそう変わりはありません。

6.2. 他の参与者への視線ではない場合：管理語の再編集

視線の向きのラインを隙間なくコーディングしようとすると、他の参与者への視線ではない区間が出てきます。他の場所や手元など参与者以外への視線をこれまでは「X」として記入していました。しかし、どこを見ていたか

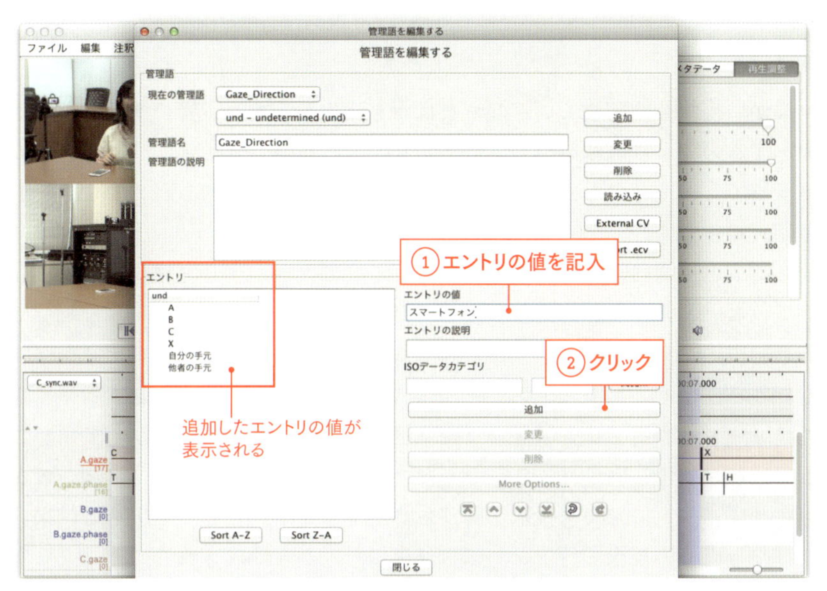

［図19］
注釈の分割地点を修正

詳しい分析が必要な場合もあります。こんなときは、管理語の編集（第5章参照）で、さらに詳しいエントリの値を追加します。

❶メニュー・バーの［**編集**］→［**管理語の編集...**］を選び、「Gaze_Direction」の管理語を表示して、①エントリの値に詳細化したい視線の向け先の値を記入し、②「追加」をクリックしていきます（図19）。ここではたとえば、ただの「X」でなく、「自分の手先」「他者の手先」「スマートフォン」などを入れていきます。最後に右上の「変更」ボタンを押すのを忘れないようにしてください。

❷注釈画面に戻って注釈を修正します。注釈の中で「X」となっているものをダブルクリックして、変更したい値を選択し直し、ダブルクリックします。

7 まばたき

誰かに視線を固定している間もまばたきは生じますが、特にまばたきの研究をするのでなければ無視しても構わないでしょう。ビデオのフレーム間に挟まってしまうものもありすべてのまばたきを網羅的に書き起こすことが不可能だからです。

ちょうど視線移行のタイミングで何度かまばたきが生じ、誰にも視線が向いていないという区間が生じることがあります。こういったケースは視線の向きや視線フェーズの層は空白にしておき、まばたきだけをコーディングするための層を別に用意するのがよいと思います。まばたきには向きがなく、移行フェーズや固定フェーズといった下位フェーズも存在しないからです。ここで注意してほしいのは、こういったまばたきの直後は視線移行フェーズが存在せず、一気に誰かに視線が固定される場合が多いことです。その結果、まばたき直後の視線移行フェーズは「H」だけから構成されることになります（図20）。

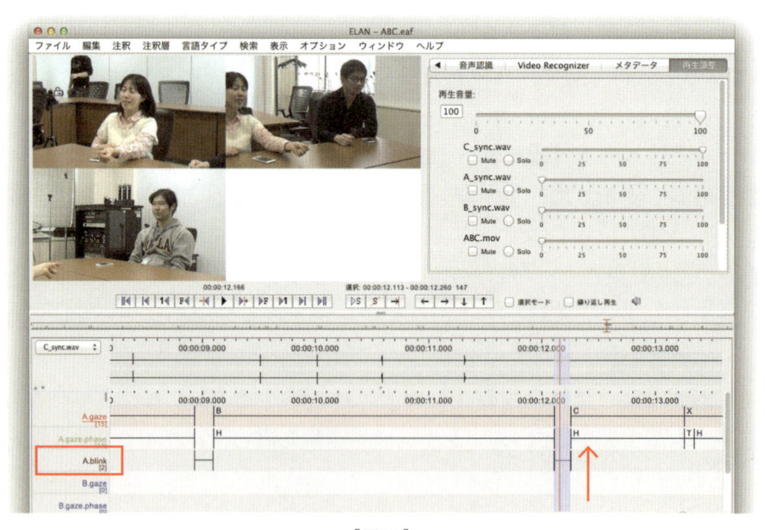

［図20］
まばたきの注釈層

8 うなずき

うなずきによって視線がどこにも向けられていない状態になることがあります。この場合も、視線の層は空にしておき、うなずきの層を新たに設けてそこに「うなずき」のコーディングをしておきます。また、こういった時もうなずきの直後にはすでに誰かに視線が固定されていることが多く、その場合直後の視線フェーズは「H」だけから構成されます。

本章のまとめ

- **視線のコーディングでは**
  視線の向け先と視線のフェーズを分けて考える必要がある。
- **視線の向け先（上位）の層の作成**
  視線の向け先の層を作る。管理語を編集し、言語タイプを設定し、新規の層を作成する。
- **視線フェーズ（下位）の層の作成**
  視線フェーズの層を作り、視線の向け先の層の下位に位置づける。
- **視線コーディング**
  クロスヘアのピクセル／フレーム送り、「後ろに新規注釈を追加」を駆使して、注釈を隙間なくつくる。
- **入力したい項目の追加**
  管理語をあとから再編集できる。

11 音声分析との連携

初級編第3章で音声ファイルをELANに読み込み、注釈を付ける方法を説明しました。音声波形を見ながら転記テキストを作成するという目的であれば、それだけでも十分です。しかし、発話の開始・終了時間をより詳細に求めたり、音声を一語あるいは一音ずつに区切ったりといった、より高度な音声分析をやりたい人もいるかもしれません。あるいは、アクセントやイントネーションのパターン（アクセントの下降の位置や上昇イントネーションの昇りきった点の位置など）と身体動作との関係を分析するといった研究の方向性も考えられます。このような音韻・韻律情報の注釈を作成するには、音声の再生と音声波形の視認だけを頼りにしていては正確さに欠けます。

高度な音声分析をELANで直接行うことはできません。しかし、世の中には音声分析に特化した優れたソフトウェアが別にあります。その一つがアムステルダム大学で開発されたPraatという無料のソフトウェアです。Praatは音声学の分野で広く用いられています。喜ばしいことに、ELANにはPraatと連携するための仕組みがいくつか組み込まれています。この章では、Praatと連携した音声分析について説明します。

1 音声分析ソフトウェアPraat

ELANとPraatの連携について述べる前に、Praatというソフトウェア自体について紹介します。

Praatはアムステルダム大学の音声科学者によって開発された無料のソフトウェアで、以下のページから入手できます。

http://www.fon.hum.uva.nl/praat/

ELANと同様、Windows、Mac、Linuxとさまざまな OSで使うことができ、音声学や聴覚心理学・音声工学などの分野で広く用いられています。ELANとPraatは映像分析・音声分析の二大フリーソフトウェアと言えるでしょう。

図1はPraatの操作画面です。上段から順に、音声波形、スペクトログラム＋ピッチ曲線、発話層、単語層、モーラ層が表示されています。スペクトログラムは、音声の周波数構造を分析し、時間軸に沿って表示したもので、縦軸が周波数、濃淡が各周波数成分の強さを表します。図1では、発話の始まりのところで、低い周波数領域の濃い部分が始まっており、ここから「ね」が開始されたことがわかります（これは音声波形の立ち上がりと一致しています）。また、「す」や「ご」では摩擦音（[/s/]）や破裂音（[/g/]）に特徴的な濃淡の薄い部分があり、こういった手がかりから音声を一音ずつに区切ったりすることもできます（モーラ層を参照）。このように、スペクトログラムを参照することで、ELANだけではできない、より詳細な注釈作成ができるようになります。

図1のスペクトログラムの段には、ピッチ曲線も重ね書きされています。ピッチ曲線とは、アクセントやイントネーションによる声の高さの変化を時

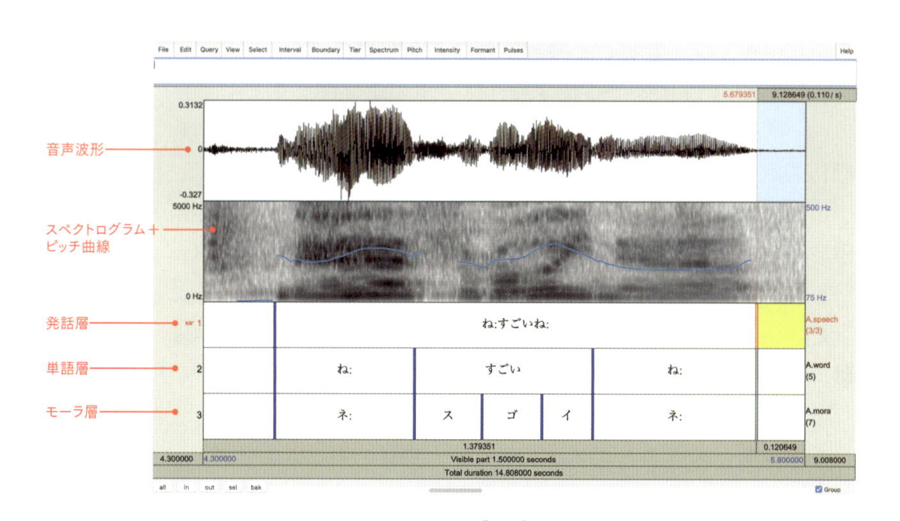

［図1］
Praatの操作画面。上段から順に、音声波形、スペクトログラム＋ピッチ曲線、発話層、単語層、モーラ層。

間軸に沿って表したものです。たとえば、図1の発話冒頭の「ね:」では、声が一旦上がって下がる昇降調で発せられていることが見て取れます。これに対して、発話末尾の「ね:」は低く平坦に抑えられたイントネーションで発せられています。このような韻律情報の記述は、会話分析でも広く行われており、Praatを用いると聴覚的な印象だけでなく、視覚的な情報も手がかりとして利用できます。

Praatには他にもさまざまな機能があります。ここでは、それらの機能やPraatの操作方法の詳細については説明しません。Praatの詳細は北原ほか(2017)やWeb上の文書(たとえばhttp://www009.upp.so-net.ne.jp/y_igarashi/praatmaster/)を参照してください。

2 ELANからPraatを呼び出す

この節では、ELANで作業中に、内部からPraatを呼び出す方法について説明します。これは、ELANで注釈を作成している最中に、Praatの機能を使って注釈内容を確認したいような場合に用います。たとえば、転記テキスト中にイントネーションの注釈を書いているときに、聴覚印象が正しいかどうかピッチ曲線を参照して確認したいような場合です。

ELANからPraatを呼び出す操作は以下のようになります(図2)。

❶Praatで表示したい音声の範囲をハイライトします。たとえば、注釈層で特定の注釈をクリックすると、その注釈の範囲がハイライトされます。
❷波形ビューア上の注釈範囲で右クリックし、コンテキストメニューを表示します。マウスカーソルを波形ビューア内に持ってくることに注意してください。注釈層で右クリックすると別のメニューが表示されます。
❸コンテキストメニューから **[Praatで選択部分を開く]** をクリックします。
これら一連の操作により、Praatが自動的に起動され、設定した注釈範囲の音声波形とスペクトログラム・ピッチ曲線が表示されます。

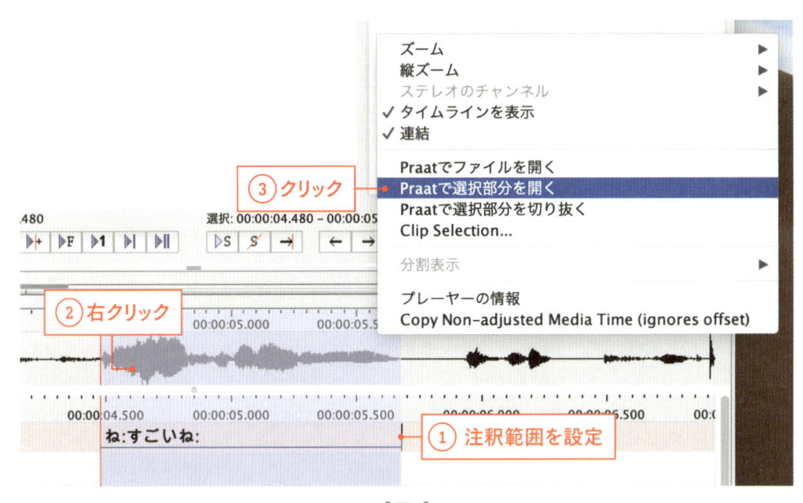

[図2]
ELANからPraatを呼び出す

3 ELANとPraatで注釈をやり取りする

Praat上で直接注釈を作成したくなることもあるかもしれません。たとえば、スペクトログラムを見ながら、発話を一語あるいは一音ごとに区切ったり、ピッチ曲線の変曲点（アクセントの下降やイントネーションの上昇の位置）を記したりといった場合です。2節の方法でPraatを起動した場合、あらたに注釈を作成したり、それをELANに戻したりといったことはできません[1]。そのような目的には、ELANとPraatを連携させ、Praat上で直接注釈を作成する必要があります。そのためには、ELANで作成した注釈をPraatに読み込んだり、逆に、Praatで作成した注釈をELANに読み込んだりする必要があります。ELANにはPraatとの間で注釈をやり取りするための機能が備わっています。

3.1. ELANの注釈をPraatにエクスポートする

まず、ELANで作成した注釈をPraatにエクスポートする方法を説明します。例として、第2章で作ったA.speech層をPraatで読み込める形式（TextGridファイル）で保存します。以下の手順で行います（図3〜図6）。

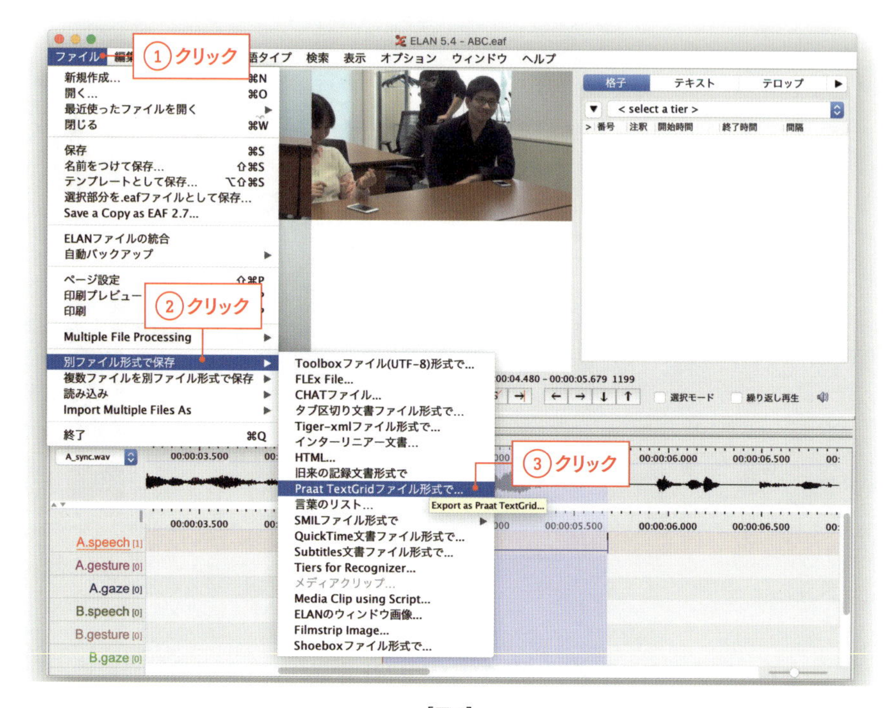

［図3］
ELANの注釈をPraatにエクスポート(その1)

❶メニュー・バーの［**ファイル**］をクリックします。

❷メニュー中の［**別ファイル形式で保存**］をクリックします（マウスカーソルを合わせるだけでもOK)。

❸サブメニュー中の［**Praat TextGridファイル形式で...**］をクリックします。

❹ポップアップウィンドウで、対象となる注釈層（A.speech層）を選択します。最初はすべての注釈層にチェックが入っているので、「Select None」でいったんすべてのチェックを外してから、対象となる注釈層をチェックすると楽です。

❺「OK」をクリックします。

❻新たなポップアップウィンドウで、保存するファイルのフォルダを選択し、ファイル名（「A」とします）を入力します（拡張子は不要)。

［図4］
ELANの注釈をPraatにエクスポート（その2）

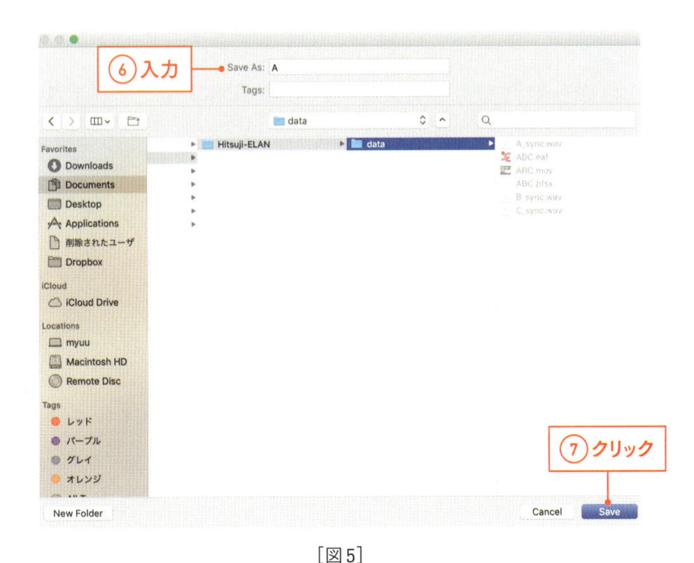

［図5］
ELANの注釈をPraatにエクスポート（その3）

❼「Save」をクリックします。
❽新たなポップアップウィンドウが現れたら、文字コードとして「UTF-8」を選択します。
❾「OK」をクリックします。

これら一連の操作により、選択したフォルダ中にA.TextGridというファイルが作成されます。このファイルはPraatに読み込むことができます。

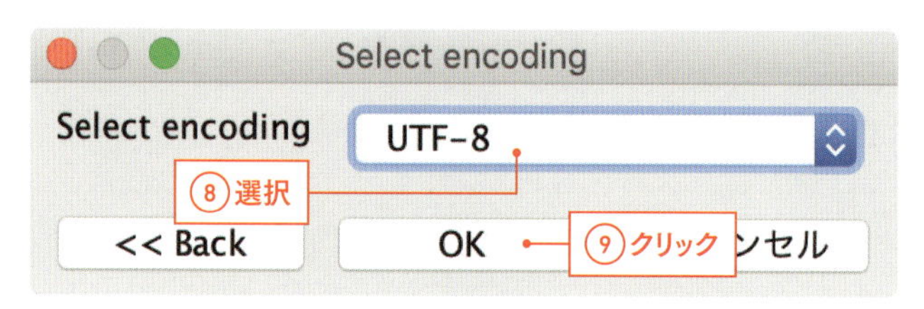

［図6］
ELANの注釈をPraatにエクスポート（その4）

3.2.　Praatの注釈をELANにインポートする

今度は、Praatで作成した注釈をELANにインポートする方法を説明します。例として、先ほどPraat用に保存したA.TextGridというファイルをPraatで編集し、再保存した場合を考えます。このTextGridファイルをELANにインポートするには以下の手順を取ります（図7〜図12）。

❶メニュー・バーの［**ファイル**］をクリックします。
❷メニュー中の［**読み込み**］をクリックします（マウスカーソルを合わせるだけでもOK）。
❸サブメニュー中の［**Praat TextGridファイル...**］をクリックします。
❹ポップアップウィンドウで「閲覧」をクリックします。
❺新たなポップアップウィンドウで対象となるPraatファイルを選択します。
❻「Open」をクリックします。
❼新たなポップアップウィンドウが現れたら、文字コードとして［**UTF-8**］を選択します。
❽「OK」をクリックします。

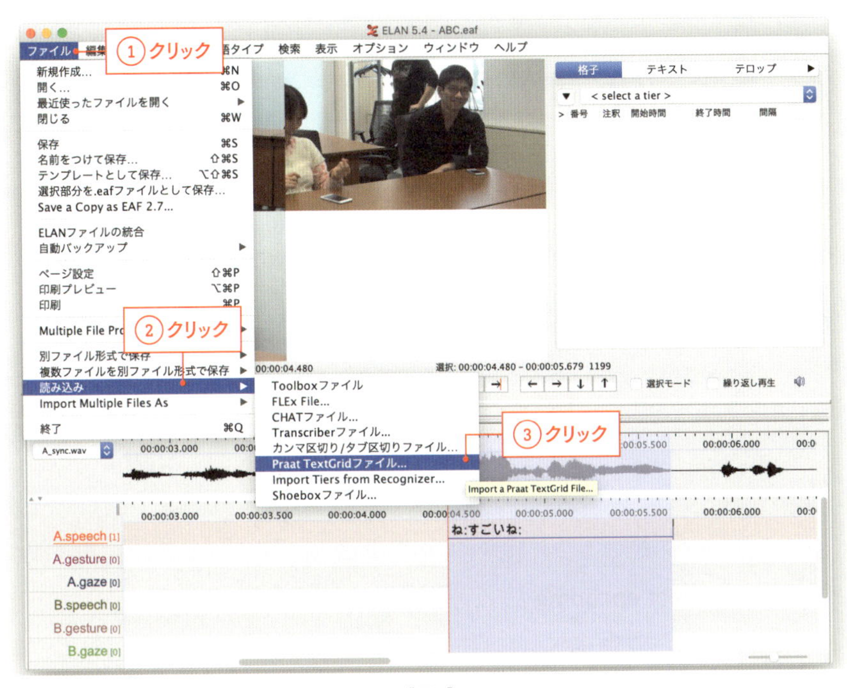

［図7］
Praatの注釈をELANにインポート（その1）

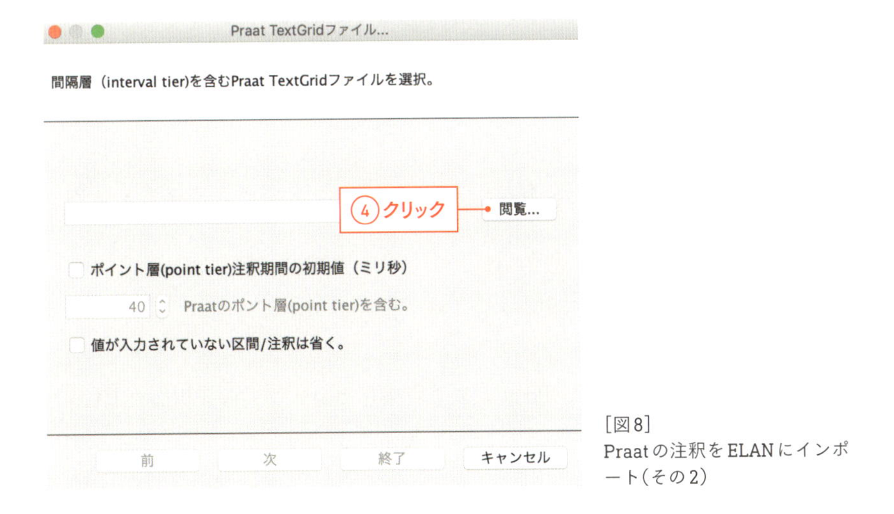

［図8］
Praatの注釈をELANにインポート（その2）

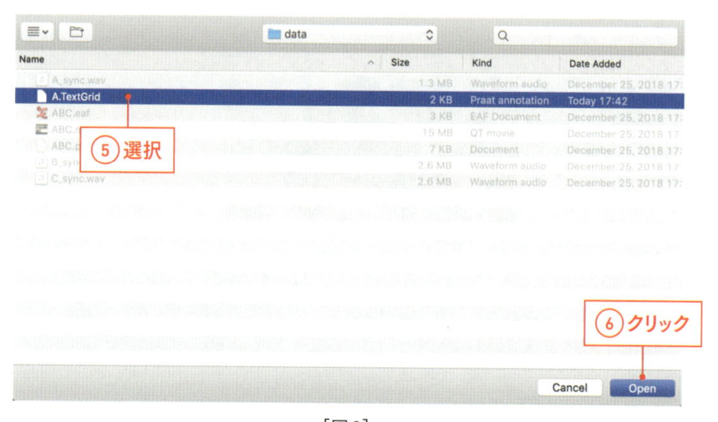

[図9]
Praatの注釈をELANにインポート(その3)

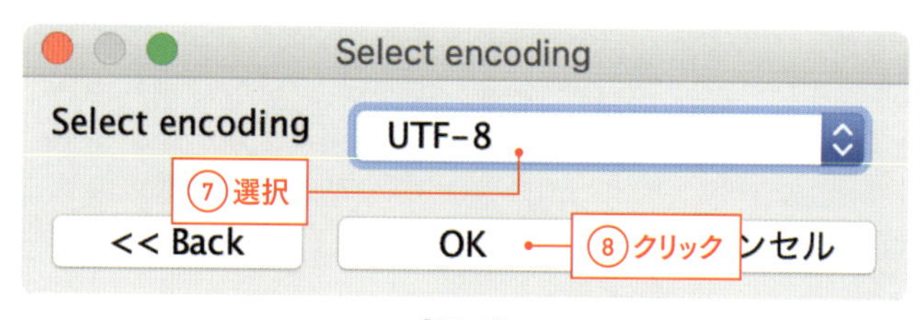

[図10]
Praatの注釈をELANにインポート(その4)

❾❹のポップアップウィンドウに戻るので、「値が入力されていない区間／注釈は省く」をチェックします。もう一つのチェックボックスはチェックしません。
❿「次」をクリックします。
⓫新たなポップアップウィンドウで「終了」をクリックします。

これら一連の操作により、Praatファイル中にあるすべての注釈層がELANに読み込まれます（具体例は次節で見ます）。

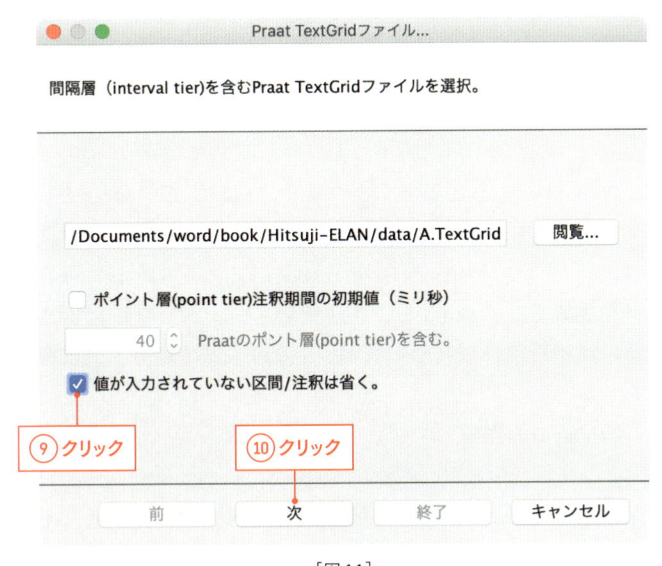

［図11］
Praatの注釈をELANにインポート（その5）

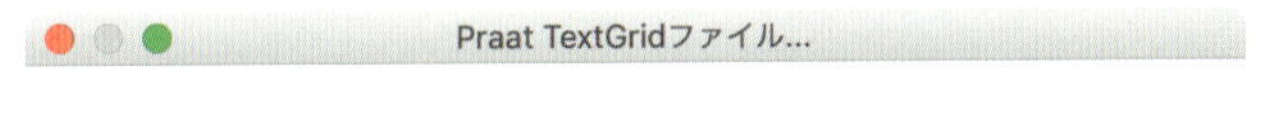

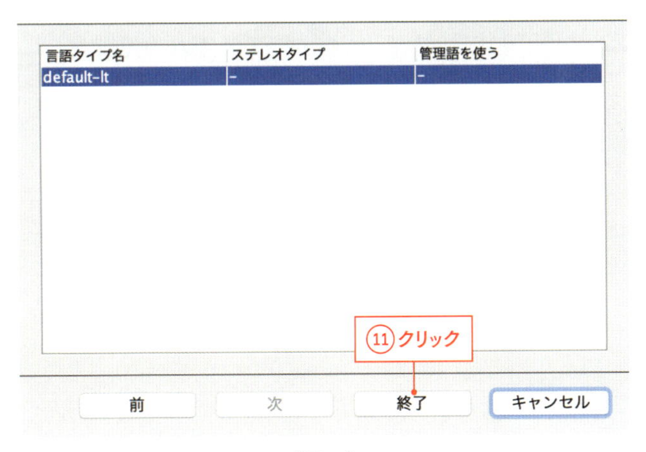

［図12］
Praatの注釈をELANにインポート（その6）

4 具体例

4.1. 一音ずつに区切る

音声を一音ずつに区切る例を考えましょう。ここでは、「一音」とはモーラ（概ねカナ一文字）に対応するとします。つまり、「ね:すごいね:」という発話を「ネ:」「ス」「ゴ」「イ」「ネ:」の五つの音に分割するということです[2]。

まず、3.1.の方法で、A.speech層をTextGridファイルとして保存します。次に、Praatを起動し、A.moraという注釈層（モーラ層）を新たに作成します。Praatの起動や注釈層の作成については、1節の末尾で紹介した文献を参照してください。

ここからはPraatでの作業です。まず、音声波形とスペクトログラムを手がかりに、冒頭の「ネ:」の終了位置（＝後続の「ス」の開始位置）を見つけます（図13）。摩擦音（[s]）の開始部分に音声波形でもスペクトログラムでもはっきりとわかる特徴が見られます。次に、モーラ層の区切り線上の丸をクリックして境界を確定させ、区間内に「ネ:」と入力します（図14）。以下、同様にして

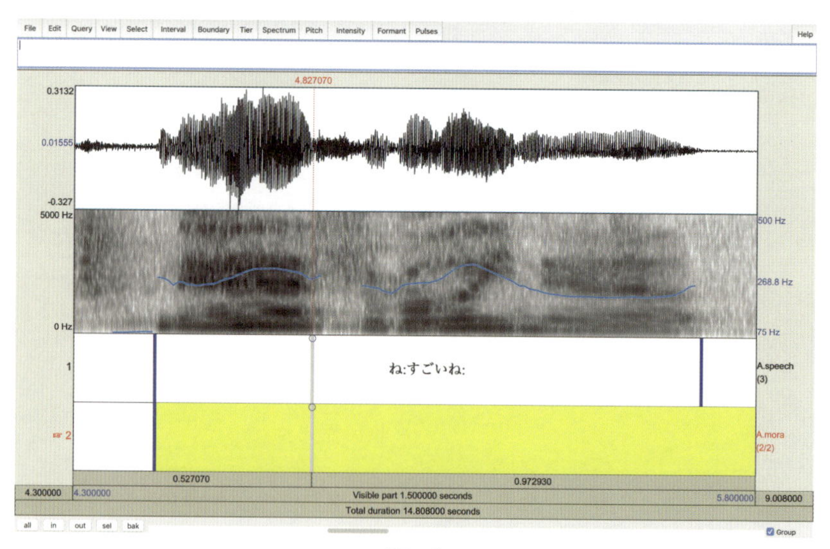

［図13］
一音ずつに区切る（その1）

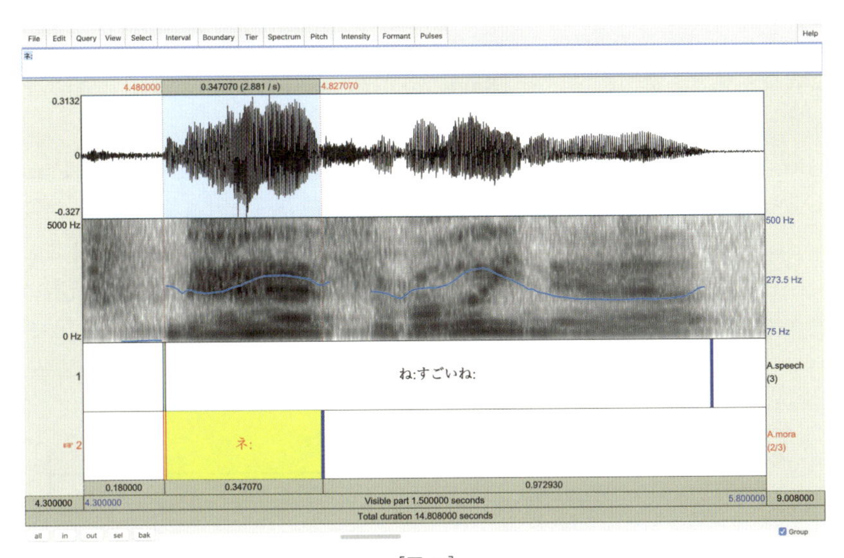

［図14］
一音ずつに区切る（その2）

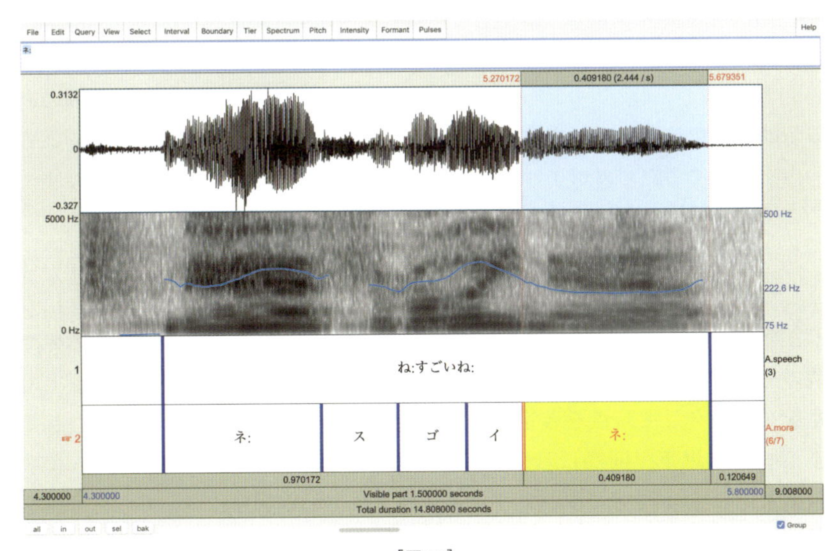

［図15］
一音ずつに区切る（その3）

すべての音の境界を挿入し、一音ずつ記述していきます（図15）。完成したら、メニュー・バーの［**File**］→［**Save TextGrid as text file...**］からPraatファイルを保存します。

最後に、3.2.の方法でTextGridファイルをELANに読み込みます。Praatにあった注釈層がすべてELANの注釈層として取り込まれます（図16）。最初にELANからエクスポートしたA.speech層も重複して取り込まれていることに注意してください（A.speech-1層となっている）。これは必要ないので、注釈層の操作で削除してください。

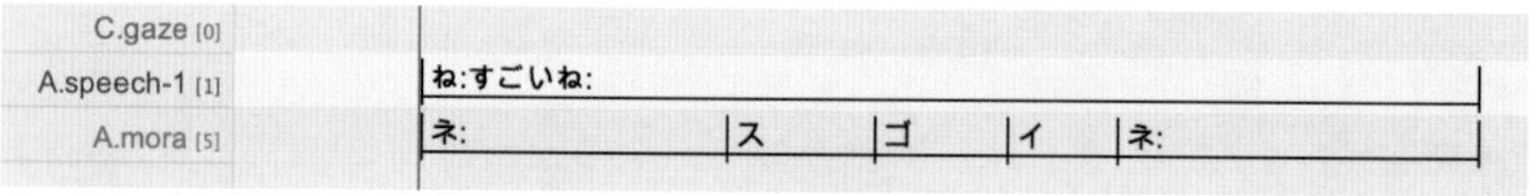

［図16］
一音ずつに区切る（その4）

4.2.　ピッチ曲線の変曲点を記す

もう一つ具体例を考えましょう。ここでは、ピッチ曲線の変曲点（アクセントの下降やイントネーションの上昇の位置）を記すことにします。Praatには、幅のある時間範囲を注釈するためのインターバル層（interval tier）と、時間軸上のある一点を注釈するためのポイント層（point tier）という2種類の注釈層があります。ここでは、後者を用います。

先のA.TextGridをPraatに読み込み、A.toneという層（トーン層）を新たに作成します。この際、［**Add interval tier...**］ではなく［**Add point tier...**］のほうを用います。最初に、ピッチ曲線を見ながら、発話冒頭の「ね:」の昇降調の上がり始めの位置を見つけます（図17）。次に、トーン層の区切り線上の丸をクリックして時点を確定させ、線上に「L%」（昇降調の開始点）と入力します（図18）[3]。以下、同様にして昇降調のピーク・終了点を記述していきます。発話末尾の「ね:」の下降調が平坦に延ばされている部分についても終了点を同様に記述します（図19）。完成したら、メニュー・バーの［**File**］→［**Save TextGrid as text file...**］からPraatファイルを保存します。

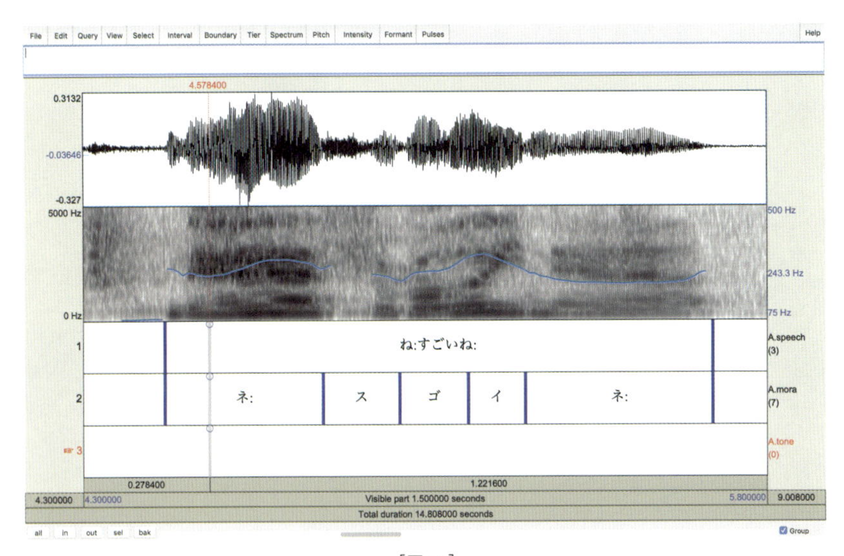

［図17］
ピッチ曲線の変曲点を記す（その1）

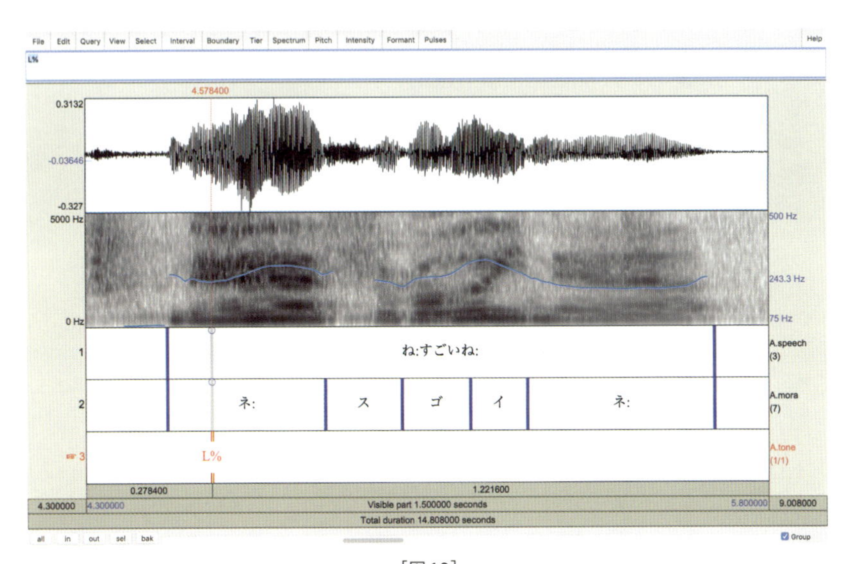

［図18］
ピッチ曲線の変曲点を記す（その2）

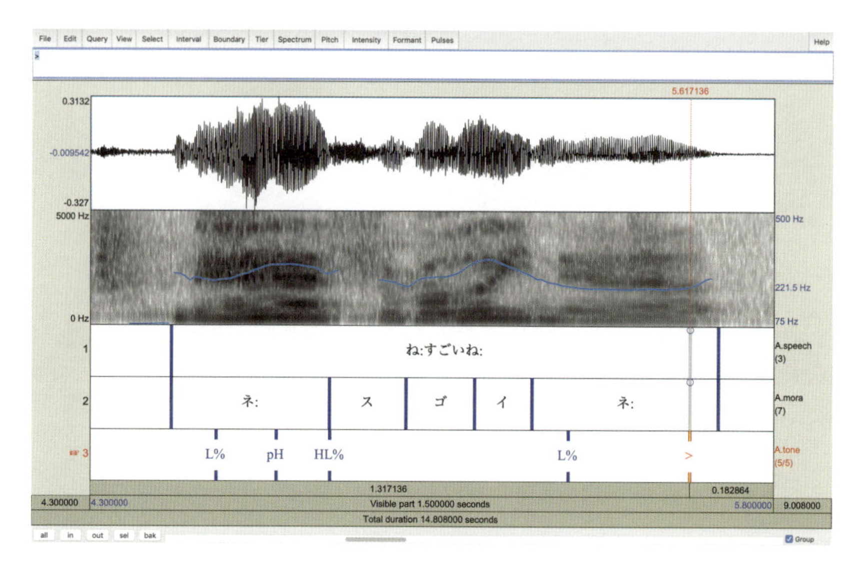

[図19]
ピッチ曲線の変曲点を記す(その3)

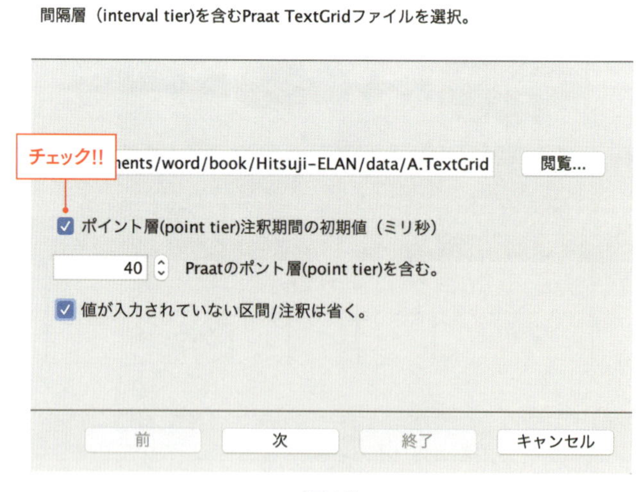

[図20]
ピッチ曲線の変曲点を記す(その4)

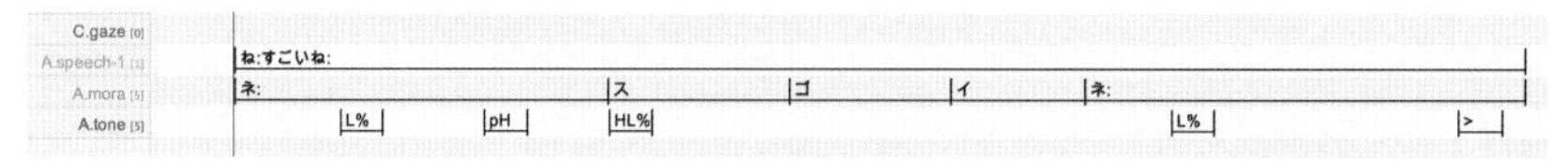

[図21]
ピッチ曲線の変曲点を記す(その5)

最後に、3.2.の方法でTextGridファイルをELANに読み込みます。ここで一つ注意すべき点があります。3.2の手順❾の時点で、もう一つチェックボックスがあったことを思い出してください。「ポイント層（point tier）注釈期間の初期値（ミリ秒）」というものです（図20）。ELANの注釈層はすべて時間範囲が対象となっているので、Praatのポイント層を直接表現することはできません。そこで、Praatのポイント層をELANに読み込むと、一定の時間幅を持つ「区間の注釈層」に変換されます。重要なのは、このチェックボックスにチェックを入れておかないと、ポイント層は読み込まれない（無視される）ということです（数値はとくに変更する必要はありません）。正しく読み込まれると、図21のようにトーン層がELANの（区間の）注釈層として読み込まれます。

本章のまとめ

- **Praatとは**

  音声分析ソフトウェアのスタンダード。

- **ELANからPraatを呼び出すには**

  波形ビューア上で右クリックし、コンテキストメニューから操作。

- **ELANの注釈をPraatにエクスポートするには**

  [ファイル] → **[別ファイル形式で保存]** → **[Praat TextGridファイル形式で...]** をクリック。

- **Praatの注釈をELANにインポートするには**

  [ファイル] → **[読み込み]** → **[Praat TextGridファイル...]** をクリック。

- **たとえば**

  音声を一音ずつに区切ったり、ピッチ曲線の変曲点を記したりできる。

- **ポイント層をインポートするときは**

  ポイント層に関するチェックボックスを忘れずに。

注

1　ただし、ポップアップした音声波形・スペクトログラムのウィンドウ（図1）をいったん閉じ、Praatのオブジェクトウィンドウから必要な操作を行えば、以下の説明と同じことができます。

2　非語彙的な音の引き伸ばし（「:」で表記）は独立した音とは考えないことにします。

3　ここで用いている記号はX_JToBIという方式に基づいています。例中に出てくる記号の一覧を以下にあげます。詳細は五十嵐（2015）の解説などを参照してください。

L%　句末音調の開始点（前方からのピッチが下がりきった点）

pH　昇降調の上昇から下降への変曲点（ピッチが上がりきった点）

HL%　昇降調の終了点（いったん上がったピッチが下がりきった点）

>　ピッチが（平坦に）維持されている区間の終了点

12 言語分析

この章では、ELANが誕生した学問的背景の一つである言語学において、どのような使い方が可能か、その一端を示すことにします。言語学とは、文字通り、言語の実体とは何かを種々の側面にわたって研究する学問ですが、逆説的なことに、実際の話しことばそのものを録音・録画して分析されるようになったのは近年になってからです。これは、実際的な理由として、近年の音声・映像メディアの収録、保存、分析に関する技術が急激に発達してきていることが挙げられます。しかし、そのような実際的な問題に加え、危機言語の問題の前景化によって、話しことばそのものの実体を記録・分析することに対する関心が高まってきたことを指摘したいと思います。

1 言語ドキュメンテーションと危機言語

1992年、アメリカ言語学会の雑誌*Language*の特集で、クラウスは、6000以上ある世界の言語のうち、今世紀中にその半分が消滅し、最悪の場合、90%の言語が消滅の危機に瀕すると推定しました（Krauss 1992）。この数字の信憑性については多くの意見が存在しますが（e.g. 梶 2002）、言語多様性が危機に瀕しているという彼の見解は、大きなインパクトを与え、これまで細々と行われているに過ぎなかった、世界の未記述の言語に対する記述・記録・保存の動きは加速していきました。

従来、未記述の言語の研究においては、1文法記述、2語彙集、3（口承芸術等を書き起こした）テキストを作成することが基本とされてきました。しかし、危機言語の問題が前景化してから後は、ある言語が話されている状況を、音声・映像メディアを用いてどのように体系的に保存するかが考えられるようになってきました。音声・映像メディアでの言語資源のアーカイブ化は、従来的な記述では抜け落ちていた情報をより豊富に残すことができ、現在でも分析の途上である種々の現象（パラ言語的・非言語的情報の分析を含めて）に対する研究の余地を残すことができるからです。

そのような議論が深まるにつれ、2000年代前後から言語の記録・分析・保存などをシステマティックに進めていく方法論を議論する場として、言語ドキュメンテーション（Language documentation）ないしドキュメンタリー言語学（Documentary linguistics）という学問分野が整備されるようになってきました。これは以下のテーゼにあるように、一次データのドキュメンテーションそのものにフォーカスを当てた方法論的研究です。

【言語ドキュメンテーションの目的】

Ⓐ一次データの収集・分析を重視する（＝テキスト・語彙集のデータよりも、その基となる音声・映像データの重視）。

Ⓑ言語分析において一次データへのアクセス可能性を重視する。

Ⓒ今後利用する人のために、一次データを良好な状態で長期的に保存していく。

Ⓓ学際的な概念を用いることで、言語学内外の知見を取り込んでいく。

Ⓔ言語コミュニティとの緊密な連携をとり、共同研究者としても積極的な関与を促す。

（Himmelmann 2006: 15, Austin 2010: 13より要約）

世界的には、ロンドン大学東洋アフリカ研究学院（SOAS）、ハワイ大学、テキサス大学において、言語ドキュメンテーションの専攻が整備されるようになってきました。日本では、東京外国語大学アジア・アフリカ言語文化研究所（AA研）が、SOAS等とも連携しながら、フィールド研究者のためのワークショップ、講座などを精力的に開催し、国際的なネットワークの一翼を担いつつあります[1]。

言語使用の映像・音声記録を後世に残すためのアーカイブ化も世界的に進んでいます。現在、マックス・プランク心理言語学研究所のThe Language Archive（TLA）、ロンドン大学SOASのELAR（Endangered Language Archive）などでは特に体系的な方法で、アーカイブの管理が行われています[2]。そしてこのようなアーカイブ化のための音声・映像資料の書き起こしツールとして誕生したのがELANであり、マックス・プランク心理言語学研究所のTLAのプロジェクトで現在も更新が続けられています。

ここまで述べたように、言語使用そのものを研究する重要性は、言語学の内部でも高まっています。特に、上で述べたようなフィールド研究・方言研究以外にも、相互行為言語学、談話分析、語用論、言語習得、言語教育、言語理論に関わる研究など多方面で言語使用そのものの姿を観察し、分析する重要性は高まっています。

2 言語研究でELANを使用する利点

以上を背景として、本章では以上のようなモチベーションを有する言語学者にとってELANがどのように有利か、その利点を見ていきたいと思います。特に注目すべきは以下の点です。

【ELANの利点】

Ⓐ発話に対して、多層的な書き込み（音声表記、正書法、形態素毎の分割、対訳など）ができる。
Ⓑモノローグのみならず、会話なども、発話者毎に書き起こしができる。
Ⓒ複数のファイルを用いて、コーパスとしての利用が可能。正規表現や層ごとの検索が可能。
Ⓓ音響分析ソフトPraatや文法解析・辞書作成ソフトFLExなどのインターフェースが充実している。
Ⓔ事前に厳密な定義をしなくとも、発見的な手法で、直感的に作業を始めることが出来る。

以上のような特徴を持つことは、ELANの成立背景からしたら当然といえば当然かもしれませんが、しかしこのような痒いところに手が届くソフトウェアが身近にあることは幸運だと言えます。

本章では、上記の様な利点をもったELANをうまく使いこなせるようになるために、いわば「典型」例として以下のような状況を想定して、その状況の下でELANの使い方を見てみたいと思います。すなわち、①母語でない言語が話されているフィールドにおいて、[2]クリアな一次資料の保存と、[3]意味論・語用論を含めた当該言語の文法的側面の研究を目的とする際に、ELANがどのように有効かを示す、という状況です。具体的には、録音・録画機材を用いて実際の言語使用の断片を記録し、そのタグ付けを行い、それを言語分析のデータとして仕上げる過程を追いたいと思います。主にそのデータは、数十のデータファイルとして蓄積し、それを「コーパス」として用いることを目的とします。

これは[1]以外の状況、つまり自分の母語や相互に意味が理解できる方言の研究、また[2][3]以外の目的、つまり音声・音韻の研究や、民話の収録や、語り・ナラティブ研究、さらには言語学以外で注釈層の下位区分化や言語的資源が分析上重要になる研究分野（e.g. 人類学、民俗学、相互行為研究など）にも有益な情報となると思います。

本章では、言語のドキュメンテーションを行う時に悩ましい種々の問題（データ整理、録音・録画をめぐる問題など）についての解決策も補足的に触れながら話を進めていきたいと思います。

3 メディア・ファイルの準備

話された言語資料を分析するには、まずその分析対象がないといけません。この本を読まれる方は、もう映像・音声ファイルをお持ちかもしれません。ELANを用いた解説は3.3.から行いますので、映像・音声ファイルがある前提で読まれる方は、3.2.までは読み飛ばして下さい。しかし、映像・音声を分析する以前に、誰もがぶち当たる問題として、その下準備が挙げられます。本節はELANを扱う前段階としてまずその話を行いたいと思います。

3.1. メディア・ファイルの種類の選択

まずメディア・ファイルを準備するにあたって、以下の二つの方針を持っておくのが有効であるように思います。

3.1.1. 音声のみよりも、映像があるほうがよい

本章では、機能面（意味論・語用論）に関わる分析を行うので、映像データを

用います。音声のみの場合、非言語的情報であるジェスチャー・視線等の情報が抜け落ちてしまいます。まだよく分かっていない言語の場合、その数日前、数ヶ月前、場合によっては数年前の状況が、映像があることによって、ありありと思い出せ、それが、コーディングをするにあたって大きな助けとなります。また日進月歩で進化している技術を考えると、容量を気にする必要はなくなってきています。

ただ懸念すべきは、倫理的側面です。映像収録のほうが音声収録に比べて機材も大きく、インフォーマントの人は、撮られることに抵抗感を覚える可能性があります。特に研究の初期段階においてはなおさらです。その場合には、互いの信頼関係が出来上がってから、ビデオ収録に進む、という方略を取るのがよいと思います。

3.1.2. 映像と音声は別々の機材で収録するのではなく、統合した形で収録するのがよい

ELANでは、映像ファイルと音声ファイルを両方取り込み、同期させることが可能です（第3章6節参照）。しかし、映像と音声のズレをなくすのは想像以上に面倒です。データを収録する段階で、音声・映像の両方をビデオカメラで収録するほうがよいでしょう。

これは、ビデオカメラ側で、音声を入力しなければならないことを意味するのですが、一般的に我々が用いるビデオカメラのマイクの質はそこまでよくありません。またカメラのフレームから考えて、後ろに引かなければならない状況の時、音声に周囲のノイズ（特にニワトリの声、バイクの音、おばちゃんたちの声は響き渡るもの！）が多く入ってしまうことも懸念されます。従って、ビデオカメラにマイク（通常はコンデンサーマイク）を接続し、クリアな音声を録るのがよいと思います。

ただしビデオカメラへのマイク端子は、イヤフォンなどによく見られるミニプラグであり、これは多くのマイクが採用しているXLRケーブル（マイク端子）とは異なります。この場合は、ビデオカメラの入力端子であるミニプラグと、一般にマイクの端子に見られるXLRケーブルを接続するミキサーを用いるのがよいでしょう。図1にあるような装置（BeachTekというブランドが有名）は、ビデオカメラと三脚の間に固定できるようになっており、ビデオカメラへの

ミニプラグの接続と、マイク用への接続用端子がついています。

より簡易な方法として、カメラ用の外付けマイクを用いることも考えられます。「一眼レフ用外付けマイク」「ビデオカメラ用外付けマイク」などと呼ばれるマイクは、ビデオカメラのマイク端子に合わせて作られています。それに適した延長ケーブルを介してビデオカメラに接続することで、マイクの位置を自由に調整できるのでお薦めです。

このような装置を用いることで、クリアな音声をELAN上で走らせることが可能になります。

［図1］
ビデオカメラ（ミニプラグ）とマイク（XLR端子）の接続装置

3.2. メディア・ファイルの加工

収録したデータの多くは、そのままではELAN上で走らせることができません[3]。スムーズに書き起こしをするためには、メディア・ファイルの加工が特に重要な作業になります。しかしこの分野は日々変わりうる性質を持っているため、以下では概略のみ示し、詳細は本書のホームページで更新します。❶ビデオファイルは、MTSファイルか、MOVファイルか、MP4ファイルであると思われますが、MTSファイルの場合は、20分ごとくらいに分割されて格納保存されているファイルを繋げ、❷それをMP4にコンバートする必要があります。またMP4で撮影した場合も、適切なファイルサイズにコンバートすることをお薦めします。そうしないと、再生しても映像が動かなかったりするエラーが頻繁に観察されます。Web上でスムーズに動くレベルで最適化されていれば問題はないようです（e.g. 幅960×縦540のサイズ指定）。❸また、ELAN上で書き起こしを容易にするため、画面上で波形が表示されていると便利です。MP4からWAVファイルを切り離して、それも同期させることでELAN上で波形を表示させることができます。映像ファイルからWAVファイルを抽出するのは種々のソフトウェアでできます。

【映像ファイルの加工と音声ファイルの抽出】

❶MTSファイルの場合、ビデオを繋げる。

❷ビデオをコンバートする（MTS > MP4）。

（MP4ファイルの場合も、ファイルサイズを圧縮する。）

❸ビデオから音声を抽出する（MP4 > WAV）。

3.3. メディア・ファイルの取り込み

さていよいよELANに入っていきます。各々のMP4・WAVを用意して下さい。ELANを立ち上げ、**［ファイル］→［新規作成...］**をクリックすると、メディア・ファイルを指定するよう求められます。「Add Media File...」をクリックし、上の二つのメディア・ファイル、MP4とWAVを順に読み込みましょう（第2章2節参照）。いずれかしか持ち合わせていない場合でも手順が一つ減るだけで読み込みのプロセスは全く一緒です。

またELANには定期的に自動保存する機能があるので、しばらくするとファイルを保存するように注意されます。従って最初に保存をしておきましょう。保存方法ですが、できれば（MTS・）MP4・WAV・ELANを一貫したファイル名で保存しておくと便利です。私の場合には、収録した日付ごとにフォルダを作成し、ファイル名はMTSもMP4もWAVもELANも写真も「arta0001」から一貫した番号を付けています[4]（artaというのは筆者が研究している言語名）。例えば図2では、同一時間で撮影したファイル群（元々の映像ファイルのMTS、圧縮したMP4、そこから音声だけ取り出したWAV、そしてELANファイルである.eafと.pfsx）が「arta0513」として保存されています（言語のアーカイブではこれを、一つの「セッション」ないし「バンドル」が、複数のファイルから構成されている、と表現することもあります）。別の時間帯に撮影したファイル群は「arta0514」や、その日に撮影した写真ファイルは「arta0512-01」などと整理しています。

さて、ファイル保存ができたら、次に書き起こしを実際に行うための準備段階に入ります。

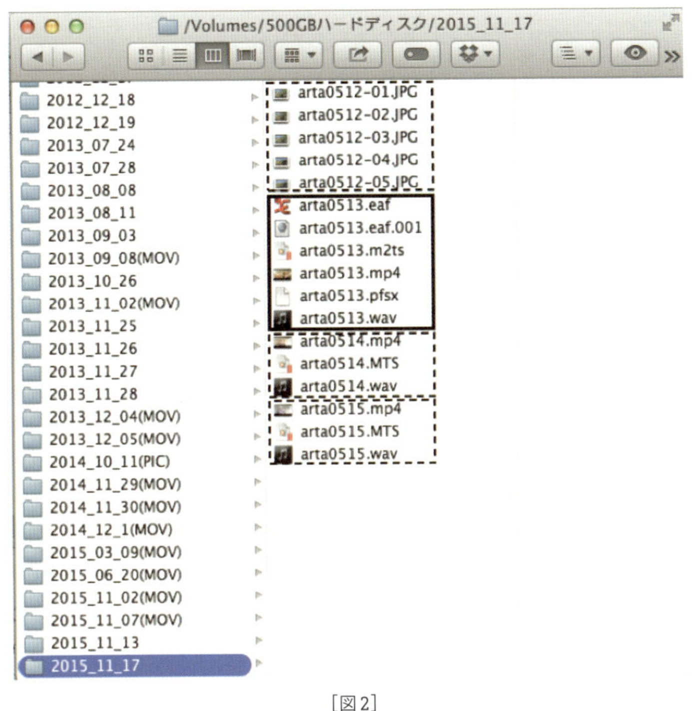

[図2]
ファイル保存の方法の一例

4 言語タイプの設定

4.1. 言語タイプと注釈層による構造化のシステム

言語学でELANを用いるためには、いくつかの専門用語を抑えておく必要があります。それを理解するために、完成された書き起こしの例を一つ見てみることにします。これは、私のフィールド先、フィリピンで話されている言語、アルタ語（Arta）の書き起こしです。図3は、AとBによる二人の会話の書き起こしのタイムライン・ビューアを示しています。タイムラインにAとBによる二つの発話が存在し、それぞれに対して多層的な書き起こしがなされています。またその左端には、多層的な書き起こしのラベルが記されているのが分かります。

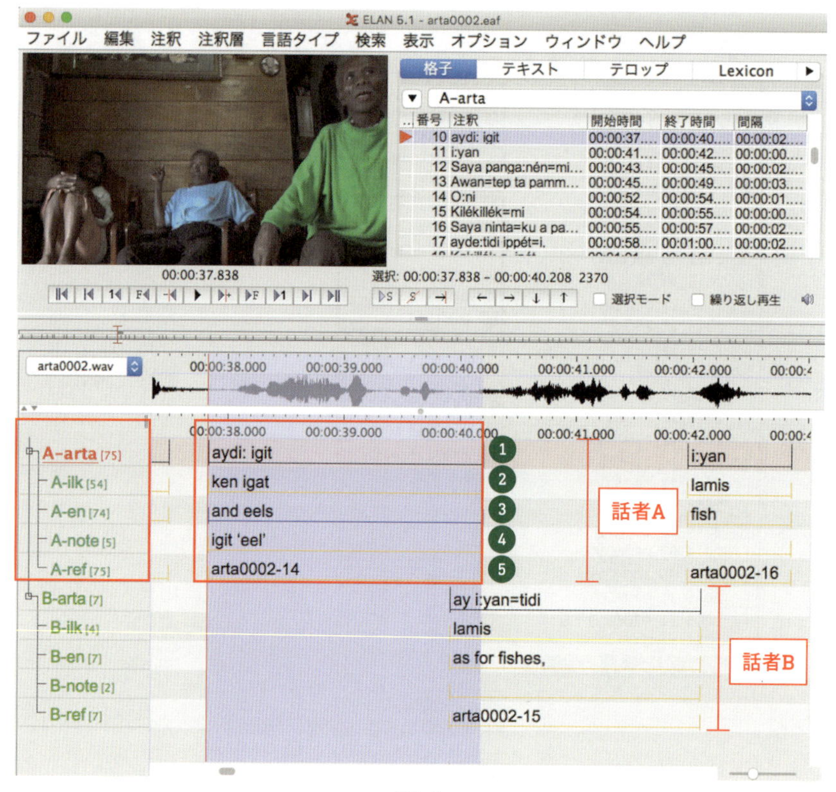

［図3］
タイムライン・ビューアの一例

例えば話者Aによる発話の書き起こし（四角で囲った部分）について見てみます。上の層から、❶対象言語、アルタ語の書き起こし（aydi: igit）、❷媒介語・リンガフランカであるイロカノ語の対訳（ken igat）、❸英語の対訳（and eels）、❹メモ（igit 'eel'）、❺その発話固有の参照番号/ID（arta0002-14）となっています。

そしてその左端には、話者の頭文字と注釈層の略称で構成された注釈層のラベルが表示されています（アルタ語：arta[5]、イロカノ語：ilk、英語：en、メモ：note、参照番号：ref）。これは、別の話者Bの発話に関してもラベルがBで始まる点を除いて同じ構造を持った注釈層が用意されています。

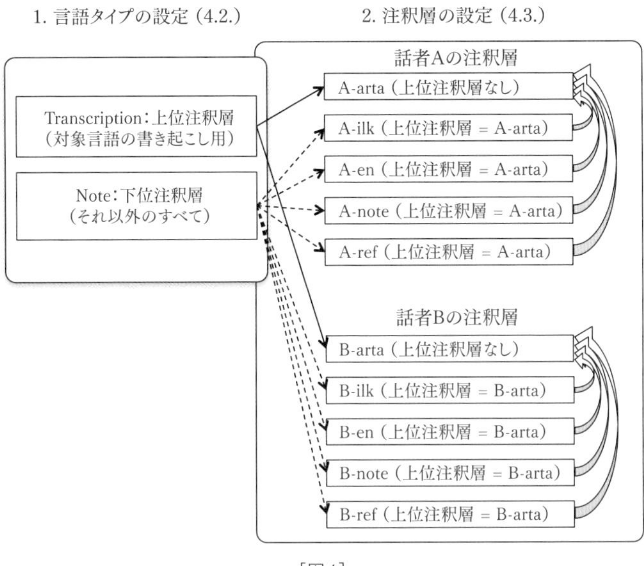

［図4］
言語タイプと注釈層

このような構造を持たせるには、書き起こしの前の段階で、二つのレベルの設定を行います。一つは、言語タイプの設定です[6]。ここでは対象言語の書き起こし（＝注釈層❶）と、それにぶらさがっている（＝時間幅が従属する）注釈層が四つ（＝注釈層❷〜❺）あります。大別してこの二つの特性上の区別があるので、この二つの層タイプを区別します（ELANの用語では「言語タイプを二つ追加する」ことになる）。

二つめに、それぞれの話者に合わせて具体的な層（注釈層）を設定します。ここでは2人の話者がいて、それぞれに5種類の層が必要なので、合計で10段の注釈層を作成します。

以上の関係を見取り図にしたものが図4です（以降、対象言語はアルタ語、対訳言語はイロカノ語・英語、という仮定で解説を進めていきます）。

まず言語タイプを指定します。ここでは対象言語の書き起こしに用いる言語タイプをBaseと名付けます。そしてそれ以外のぶら下がっている下位注釈層のための言語タイプをDependentと名付けます[7]。図4にある「ステレオタイプ」については後で説明します。

次に注釈層を作成します。そこでは各々の話者（図4では話者A、話者B）に対して、どのような注釈層を追加するのかを設定します。そこでは、A-arta、B-noteなど名称を振った後、どの言語タイプに属しているのか（左の破線矢印の関係）、そして、どの注釈層に従属するのか（右の太矢印の関係）を指定します。このような手続きを経てはじめて、書き起こしを始めることができます。

では、自身のメディア・ファイルを用いて言語タイプと注釈層を設定していきましょう。

4.2. 言語タイプの設定

まず二つの注釈層のタイプ（言語タイプ）を設定します。特にここでは、以下の二つの言語タイプを作成します（図5）。

【二つの言語タイプ】

Ⓐ Base（発話フレーズレベルの書き起こし）
Ⓑ Dependent（対訳・メモ・参照番号など）

❶ツールバーの **［言語タイプ］→［新規言語タイプの追加］** をクリック。
❷「言語タイプ名」に、BaseないしDependentと入力。
❸「ステレオタイプ」において、Baseの場合はNoneを選択、Dependentの場合にはSymbolic Associationを選択する。
❹「追加」をクリック。

ステレオタイプとは、当該言語タイプが、それより上位の注釈層に注釈の時間幅を依存させるのか（Symbolic Association）、独立して注釈を作成するのか（None）を選択する項目です。NoneとSymbolic Association以外はあまり使用しないので、無視して下さい[8,9]。

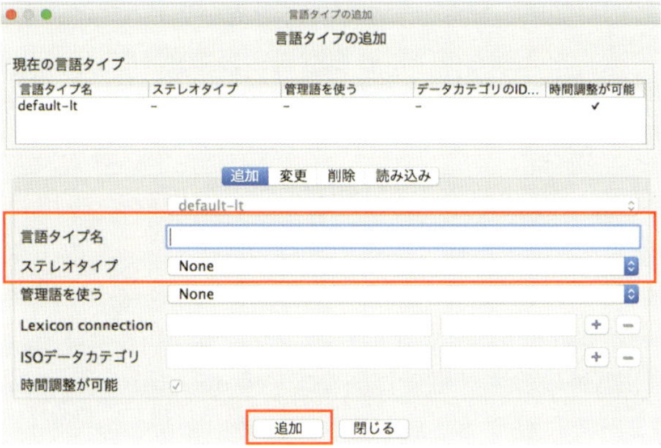

［図5］
言語タイプの追加画面

4.3.　注釈層の設定

4.2.で行った言語タイプというのは、個々の注釈層の違いを捨象した抽象的な注釈層の特性の集合でした。ここでは、それぞれの注釈層を具体的に作成していきます。メニュー・バーの **［注釈層］→［新規追加...］** をクリックして下さい。ここでは、図4の模式図に従って、A-artaからB-refまでの10の注釈層を作っていきましょう。以下の情報を順に書き込み、「追加」をクリックします。

【注釈層の追加】

Ⓐ注釈層名（図4のA-artaなど。）
Ⓑ上位注釈層（図4の太矢印の関係を参照）
Ⓒ言語タイプ（図4の破線の関係を参照）

まずA-artaは、図6のように入力して、「追加」をクリックします。注釈層名に「A-arta」と入力し、A-artaの上位注釈層は存在しないので「none」、言語タイプは「Base」を選択して、「追加」をクリックします。

次に「A-ilk」を入力してみます。注釈層名に「A-ilk」と入力しますが、これは注釈層的に従属したものであることを思い出し（図4参照）、上位注釈層は今まさに作成したA-artaの注釈層を選択、言語タイプは「Dependent」を選択し、「追加」をクリックして下さい。以上のようにして、すべての注釈層を順に追加して下さい。

上位注釈層は、話者Aに属する注釈層か、話者Bに属する注釈層かによって変わってくることは上で述べた通りです。B-ilkなどに移ったときに、うっかり「A-arta」を上位注釈層に選ばないようにして下さい。「B-arta」を選んで下さい。追加し終わったら、下の「閉じる」を押して下さい。

一方で、ELANの初期設定で付随しているdefaultという注釈層がタイムライン・ビューアに見えると思いますが、使いませんので削除しておきましょう。メニュー・バーの**［注釈層］→［注釈層の削除...］**から「default」

［図6］
注釈層A-artaの入力画面

が青く選択されていることを確認し、「削除」→「閉じる」を順にクリックして下さい。タイムライン・ビューアから消えていると思います。

以上の設定は、テンプレートとして保存できます（第2章10節参照）。また会話参与者数が増える場合には、上記のような手作業ではなく、メニュー・バーの［**注釈層**］→［**Add New Participant...**］を使えば階層関係を保ったまま話者数を追加できますので試してみて下さい（第3章1節参照）。では、第2章（特に2.6節）を参照しながら書き起こしを進めていって下さい。

以下では少なくとも対象言語の書き起こしが大まかに済んだことを想定し、書き起こしの効率化を図るための幾つかの事項を以下で述べます。

5 効率的な書き起こし

5.1. トランスクリプションモードでの書き起こし

対象言語の書き起こしがとりあえず大まかに終わっても、自分では対訳が分かっているため、対訳を書くことがおっくうになり、後回しになることがあります。そのようなときには、「トランスクリプションモード」と呼ばれる、時間幅の設定が捨象された、注釈内容を書き入れることに特化した画面を使います。［**オプション**］→［**Transcription Mode**］を選択し、トランスクリプションモードに入りましょう。

次に表示する言語タイプと注釈層を順に設定します。左下の「Configure」をクリックしてください。この画面では以下の設定を行います。

❶フォントサイズを指定する（例「14」）
❷列数を指定する（ここでは二つ、入力済みの対象言語の書き起こし、未入力の英語対訳の列を表示させる）
❸表示する言語タイプの指定（ここでは「Base」と「Dependent」を表示させる）

しかしDependentの列を表示させるとしても、それは参照番号か、対訳か、メモか、どの注釈層かが分かりません。従って、

❹「Select tiers...」をクリックし、注釈層の選択画面を表示

❺言語タイプ「Dependent」の列の内部にあるプルダウンメニューから自分が表示させたい注釈層を選ぶ。
❻二つの画面で「適用」をそれぞれクリックし、表示を反映させる。

という手順で設定を行って下さい。

画面に表示されたスロットをクリックすると、文字入力ができると共に、左に映像・音声が流れます。デフォルトではEnterキーを押したら、左右の列にシフトしながら順に下に行くようになっていると思います。そうではなく、同一の列を続けて入力するには、Enterキーを押したら、直下に進むのがよいと思います。その場合には、左の「Settings」にある「Navigate across column」のチェックを外します。

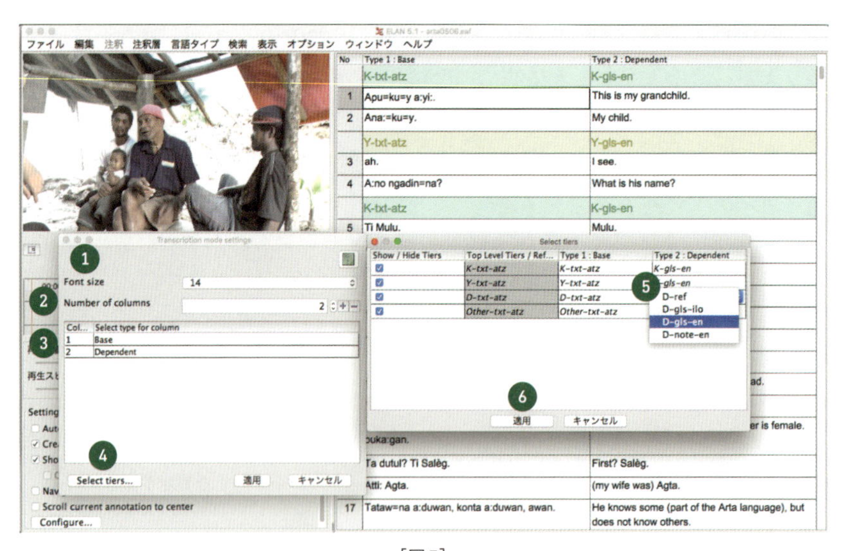

［図7］
トランスクリプションモードの設定画面

5.2. 参照番号の自動割り付け

再び図3をご覧下さい。A-refとB-refの注釈層に、arta0002-14などの番号が割り付けられているのが分かります。これは「ファイル名-ファイル内での発話順番」という構造を持たせています。このように登録しておくと、書き起こした事例を収集し、論文を書く時に便利です。例えばメモ帳に事例をまとめる際にも、参照番号があれば、ELANに立ち返って音声、ジェスチャー、前後文脈などを確認できます。これは、何も書き込まれてない注釈層があれば簡単に割り付けることができますので、ここでやってみましょう。

まず空白の注釈を自動的に作成します。メニュー・バーの**［注釈層］→［Create Annotations on Dependent Tiers］**をクリックすると、ダイアログが起動します。そこで以下の操作を行います。

【スクリーン1：上位注釈層を指定】

❶参照番号を割り付ける注釈層の上位注釈層をすべて選択。

（番号を付けたい注釈層そのものではないことに注意）

❷「次」をクリック。

【スクリーン2：当該注釈層を選択】

❶参照番号を割り付ける注釈層を全て選択。

それ以外にチェックマークが入っていたら、それを外す。

❷「終了」をクリック。空白のスロットが作成される。

次に、空白のスロットに、参照番号を割り付けていきます。メニュー・バーの**［注釈層］→［注釈の表号と番号をつける］**をクリックすると、図8のような画面が立ち上がります。

そこで以下のような設定を行います。

❶複数の話者の書き起こしの場合は、「複数の注釈層」にチェックを入れる。

❷自分が参照番号を付けたい注釈層にチェックを入れる。

❸「注釈のラベル部分を含む」にファイル名を入力（ここではarta0506)。

❹「区切り文字を挿入」の「他の区切り文字を挿入」にチェック。その左の空欄に「-」(ハイフン) ないし「_」(アンダーバー) を記入[10]。
❺もっとも下に例示されている「arta0506-001」で思い通りの参照番号になっているかチェックしたのち、「OK」、次いで「閉じる」をクリック。

これで参照番号の割り付けが完了します。タイムライン・ビューアで、参照番号が自分の希望通りに割り付けられていることを確認して下さい。

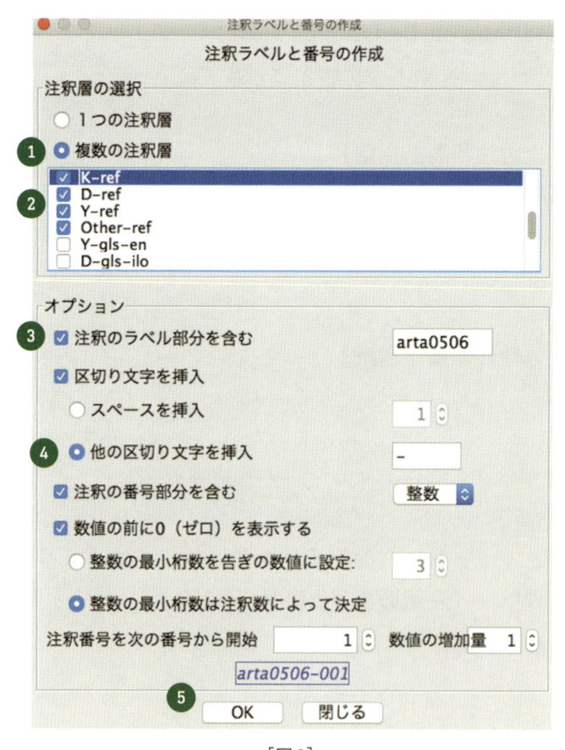

［図8］
すべてを入力し、OKを押したところ。
（タイムラインに参照番号が割り付けられているのが見える）

6 検索

次に検索機能について見ていきます。おそらく検索機能の強力さは、ELANのもっとも大きな魅力の一つであり、複数の発話データを「コーパス」として扱うことができます。

6.1. ドメインの定義

これに関しては、第13章3節を参照して下さい。ここで複数の発話データを特定し、どのファイル群でそのコーパスが構成されるかを定義します。検索の際は、そのすべてのファイルをELANが探しに行って結果を表示します(クリックすると当該箇所に飛ぶこともできます)。

6.2. 簡単な検索

まずは、あるキーワードを入れて検索する方法を紹介します。メニュー・バー**[検索]→[複数のeafファイルを詳細条件で検索]**を開いて下さい。以下の手順で検索します。

❶「Single Layer Search」を選択する[11]。
❷「Define Domain」をクリックし、自分の作成したコーパス(ドメイン)を取り込む。
❸部分一致「substring match」を選択
❹検索項目を入力し、「Find」をクリック。検索結果が下に表示される。

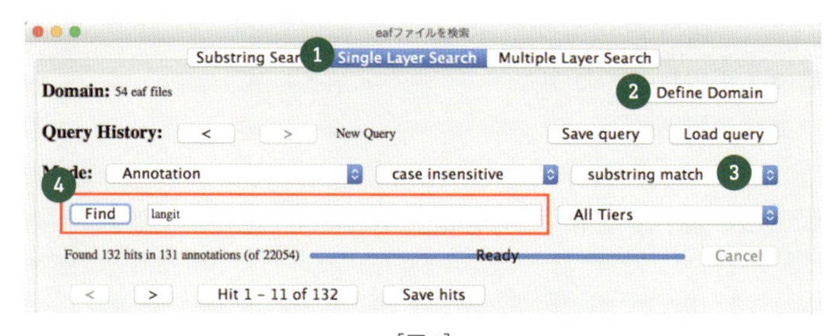

[図9]
単一層(Single Layer)での検索

次に、正規表現（regular expression）を選択し、より柔軟な検索を行ってみましょう。正規表現を用いたコーパス検索については、日本語では大名（2012）があり、ELANに特化した正規表現の使い方については、マックス・プランクのELANのウェブサイト中にあるThird party resourcesの中にUlrike Mosel氏による正規表現とELANでの検索についての簡単な解説“Regular expressions for ELAN users.”があります。

ELAN内でよく使う正規表現を挙げると以下のようなものがあります。皆さんもこれを参照して、自分のコーパスを検索してみて下さい。

1. 基本的なカテゴリー

.（ピリオド）：スペース／文字（ゆえに普通のピリオドは**\.**で表記）

\b：語境界

\w：すべての文字

2. [　] 一文字の選択

[abc]：aかbかc（例：**\bwom[ae]n\b** ＞ woman, women）

[a-c]：aかbかc

3. (｜) 複数文字の選択

(abc|xyz)：abcかxyz（例：**\bwhere(in|by)\b**はwhereinやwhereby）

4. [^] 指定した文字以外の任意の一文字

（例：**[^xyz]**は当該部分一文字分にx, y, zが含まれないもの）

5. 直前の文字の現れの任意性

単一文字の場合

? ：直前の一文字の存在してもしていなくてもよい

（例：**\bboys?\b** はboyでもboysでもよい）

複数文字の場合

(　)?：( ) 内の文字群が存在してもしていなくてもよい

（例：**\bchild(ren)?\b** はchildやchildren）

6. 繰り返し
   +：1回以上（例：**\w+** はあらゆる文字列を指す場合に使われる）
   *****：0回以上（例：**.*** はスペースを含めたあらゆる連続に使われる）
   {n}：n回（例：**(bun){2}**は、アルタ語でbunbun 'house'など）
   {n,}：n回以上

7. 注釈の先頭・末尾位置を指定
   \A ：注釈が、**\A**に後続する表現で始まる
   \Z：注釈が、**\Z**に先行する表現で終わる
   （例：**\A\byes\.\b\Z**は、注釈がYes.だけで構成されているケース）

従って、以下のような条件は、正規表現で書けます（複数の表現のうちの一つに過ぎない）。

1. 母音字で始まって子音字で終わる語
   （母音字は**[aiueo]**、子音字は**[b-df-hj-np-tvwxz]**で表記される）
   \b[aiueo]\w*[b-df-hj-np-tvwxz]\b

2. 語末の綴りが三つ以上の子音字連鎖
   （例：church, first, nightsなど）
   [b-df-hj-np-tvwxz]{3,}\b

3. centre, center, centralを検索
   \bcent(r(e|al)|er)\b

正規表現での検索は、とかく不統一になりがちな書き起こしにおいて、威力を発揮します。調査の途中で形態論的な表記を変更したり（途中で、接語ではなく接辞と判断することにした、など）、正書法の変更を行ったりした場合にも、正規表現を用いることで、柔軟に検索ができるようになります。

6.3. 複雑な検索

もっとも複雑な検索は、Multiple Layer Searchで行うことができます（第13章3節参照）。ここでは、複数の注釈層を同時に指定したり、時間的に近接する注釈を同時に指定することができます。これは検索結果に、複数の層や、前後の注釈内容を表示させたいときに便利です。二つの層ないし二つの近接する注釈の一方を正規表現で .*（何でもあり）と指定することで、検索結果に二つの層ないし二つの注釈を表示させることができます。また言語学の場合、下位注釈層に、形態（素）ごとの表記、グロスなどがある際にも威力を発揮します。

7 出力

最後に言語学でよく用いる出力方法について見ていきます。

7.1. インターリニアー文書

書き起こしと対訳を並行的にテキストとして表示する文書形式を作ります。これを行うには、**［ファイル］→［別ファイル形式で保存］→［インターリニアー文書...］**を順にクリックします。逐一、最下部の「変更を適用」を押し、左のレビューで確認して、自分の望むものになっているか確認しながらそれぞれの項目をチェックして下さい。以下はあくまでその一例にすぎません。

❶最上部のブロック「注釈層」で、自分が表示させたい注釈層にチェックマークを入れる。
❷次のブロック「文書出力の内容」で、「空白の行を隠す」にのみチェックマークを入れる。また行頭に注釈層ラベルを入れたい場合には「注釈層のラベルを表示」にチェックマークを入れる。
❸次のブロック「文書出力の方式」で、「ブロックごとに折り返す」で「各ブロック」を選択。「ブロック間のスペース」は1を指定。
❹「名前を付けて保存」。

以上の手続きによって、インターリニアー文書がテキストファイルで出力されます。

7.2. Fieldworks Language Explorer (FLEx)

FLExは、レキシコンの登録・文法記述・テキストの文法解析等に用いられるソフトウェアで、今日フィールド言語学者によって広く使われるようになってきています。しかし残念ながらFLExとELANは、相互にインポートできることになっているにも関わらず、複雑な手続きが必要です[12]。そのような弱点があることから、Kimoto (2017: 90–93) ではFLExのもっとも現実的なエクスポートの方法を詳説しました。そちらを参照することで、ELAN上の設定から、FLEx側の取り込みまでスムーズに行うことができると思います。

補足：注釈層間の階層関係を変更する

いろいろな事情で、注釈層の階層性を変更したいことはあると思いますが、すでに言語タイプと注釈層が決まっている場合、それは容易ではありません。特に書き起こしを上位注釈層にしていないまま、書き起こしが進んでいる場合、FLExにインポートするにはそれを上位注釈層にする必要があります。そのような場合には、「上位注釈層の変更」を利用します（元の注釈層群を破壊せずに、同一ファイル内に複製します）。

【ステップ1：下位注釈層だったものを上位注釈層に変更】

❶BaseとDependentの言語タイプを作成する（3節参照）。
❷メニュー・バー［**注釈**］→［**上位注釈層の変更**］をクリック。
❸当該注釈層（e.g. 書き起こしの層）を選択し、「次へ」。
❹「文書形式の注釈層（上位注釈層なし）」を選択し、「次へ」。
❺言語タイプを指定。ここでは「Base」を選択し、「終了」。

【ステップ2：対訳・メモ層を、新たな上位注釈層の元へ移送】

❶メニュー・バー［**注釈**］→［**上位注釈層の変更**］をクリック。
❷当該注釈層（対訳層ないしメモ層）を選択し、「次へ」。
❸移送先の上位注釈層を選択し、「次へ」。
❹言語タイプの指定。ここでは「Dependent」を選択し、「終了」。

非常にスマートにできました。これは「戻る」が可能ですので、ご安心下さい。

FLExとは関係なく、いろんな事情が重なって、いろんな言語タイプ名・注釈層名で、いろんな階層関係で、ELANファイルが溜まっている方も多いと思います。これを期に整理してみるのもよいかもしれません。

本章のまとめ

- **映像データの下準備について**

MTSファイルはMP4ファイルに変換してから用いる。MP4ファイルも960×540程度の画面サイズに圧縮してから用いる。

- **ファイル名について**

同一セッションのELANファイル、映像ファイル、音声ファイルは同じファイル名で管理する。

- **言語タイプとは**

言語タイプとは、注釈層の特性を抽象化したカテゴリーである。複数の話者がいても、同一の言語タイプを用いる。

- **ステレオタイプとは**

言語タイプの設定では、ステレオタイプを指定する。ステレオタイプとは、複数の注釈層の間に依存関係があるかないかを指定するカテゴリーである。

- **注釈層の設定**

注釈層の設定では、具体的な注釈層をすべて作成する。ただし話者一人分の注釈層を作成し終わったら、後はそれをコピーできる。

- **トランスクリプション・モード**

空白の注釈を作成し終わっている場合は、トランスクリプション・モードで注釈内容の書き込みを行うことができる。

- **参照番号の自動割り付け**

各注釈に参照番号を振りたい場合には、空白の注釈層に自動で割り付けてくれる機能がある。

- **ELANファイルのコーパス利用**（検索機能）

複数のファイルを「ドメイン」に指定することで、その中身の情報を横断的に検索できる。

- **注釈層の階層関係の変更**

「上位注釈層の変更」を用いることで、注釈層間の階層関係を変更することができる。

注

1 「言語ダイナミクス科学研究プロジェクト」。筆者もAA研の取り組みに参加して以降、このような今日的な課題へ取り組みはじめました。

2 他に代表的なものとしては、AILLA（ラテンアメリカの言語のアーカイブ）、Alaska Native Language Archive（アラスカの言語のアーカイブ）、California Language Archive（カリフォルニアを中心とした北米言語のアーカイブ）、Kaipuleohone（ハワイ大学の危機言語アーカイブ）、PARADISEC（アジア・オセアニアを中心とした言語のアーカイブ）、RWAAI（オーストロアジアの言語のアーカイブ）などが存在します。

3 ELAN側のそういう事情があるため、例えばロンドン大学SOASのアーカイブELARに登録する際は、ELAN用に圧縮したMP4と、MTSなどの元の画質の映像の両方をアーカイブするように薦めています。

4 もうすでに結構な量のファイルがある場合にはそれは後から整理するとして、arta500などから始めるとよいと思います。

5 ちなみにこのラベルにISOの言語コードを用いるという選択肢も考えてみて下さい（実際に英語のenはISOの言語コードです）。FLExにエクスポートする場合は、そのように名前を変えなければならないので、この段階でやっておくと便利です。FLExで読み込む際には、①対象言語の書き起こし：話者の頭文字-txt-ISOコード、②対訳：話者の頭文字-gls-ISOコードとなっていれば、読み込んでくれます。

6 英語では、バージョン4まではlinguistic typeと呼ばれていたが、現在はtier typeと改名されました。日本語では旧称linguistic typeを継承して「言語タイプ」という名称が残っています（バージョン5.1現在）。

7 参照番号を主にして、他の注釈をそれに従属させる方法もよく見られますが、今回は対象言語の書き起こしの層を上位に持ってきています。その理由として、範囲指定してダブルクリックですぐに聞き取ったものを書き起こしできるということ、下位注釈層は、上位注釈層に従って空白の注釈を自動作成してくれる機能が使えるので、手動で参照番号の欄を入力するのは二度手間になってしまうこと（5節参照）、そしてFLExなどの出力を将来的にやる可能性が少しでもある人にとっては、そのようにしておかないと、FLExにエクスポートできないこと、などがあります（すでに参照番号を上位注釈層にしてしまった場合の変更は、章末の「補足」を参照）。

8 ちなみに発話を要素（e.g. 語や形態素）に分割したい時には、Symbolic Subdivision（個別の時間幅の指定なし）やTime Subdivision（時間幅の指定可）を、発話末のイントネーションなど、発話内の部分要素のみを書き起こしたい場合にはIncluded inを用います。

9 管理語というのも今回は使いませんが、書き起こしに際して、有限個の候補を作成し、そこから選択するような場合に威力を発揮します。品詞の指定、イントネーション（high/low/rising/falling）の区別、特定の研究目的のための量的分布の調査（能動文 vs. 受動文）のタグ付けなどの応用可能性が存在します。管理語の使い方については第5章を参照して下さい。

10 スペースのままより、何か文字があった方がPC上では扱いやすいです。

11 Substring Searchはここでの手順を固定し、より単純化させたものです。以下で見るように、Multiple Layer SearchでもSingle Layer Searchの機能を持たせることができるため、Single Layer SearchもMultiple Layer Searchを単純化させたものです。

12 ELANとFLExとの接続は、ELANのHPのThird party resourcesのページにある手引きのセット“Working with ELAN and FLEx together”がダウンロードできますが混み入った手続きが必要となっているため、あまりおすすめはしません（http://tla.mpi.nl/tools/tla-tools/elan/thirdparty 2019年4月30日アクセス）。

13 事例集作りと高度な検索 手話会話を例に

観察データに基づく研究を行うときに、「事例集（コレクション）」作りは研究の重要な作業です。一つの事例だけで結論を出すのでなく、注目している現象を含む事例をたくさん集め、複数の事例に共通する問題や性質を引き出すこと、そして事例集が持っている文脈や限界についても気を配ることは、会話分析や動作分析に限らず、質的研究の基本と言っていいでしょう。実際、APAによる質的研究のスタンダードについて記した論文（Levitt et al. 2018）では、コレクションの作り方、それを研究者がどのように管理し、分析と結びつけたかをはじめ、コレクションについて多く分量が割かれています。

ELANには事例集を作るための強力な機能がたくさん備わっています。特に注釈・層の関係に関するいくつかの条件設定から特定のパターンを抽出する検索機能は強力で、これを利用することで事例集（コレクション）の作成が効率的に行えるようになります。

この章ではその応用例として手話研究における事例集作りをとりあげます。手話会話の注釈・層の設計を通して、ELANの検索機能を利用した研究支援の具体例を紹介しましょう。またELANの上部メニューから変更できるトランスクリプション・モード、セグメンテーション・モードの二つのモードについても解説していきます。

1 手話研究で事例集を作る意義

手話の言語学的研究が始まって半世紀以上が経ち、多くの研究が手話の視覚言語としての特性を指摘してきましたが、手話を会話という観点から扱った研究が関心を集めるようになったのはここ20年ほどのことです。手話会話の研究には、会話を支えるマルチモーダルな装置・手続きを明らかにすることを主たる関心とするものが多くあります。これらの研究では、手話会話を複数のモダリティが複雑に関係し合う相互行為として捉え、その実態を解明します。そのためには、手話発話の主な構成要素である手指動作の問題だけでなく、会話中の視線・頭部動作・身体の変化といった様々な要素を扱わなければなりません。また研究を進めていく際には単に複合的な要素を扱うだけではなく、やりとりの中にみられる特定のパターンを収集して事例集を作成し、これを元により詳細な分析・議論を展開していく必要があります。つまり事例集は分析のためのデータ整備という意味でも、現象の背後にある規則・規範を検討するための横断的資料そのものであるという意味でも、研究にとって欠かすことができないものなのです。

事例集の作成では、文字化された資料を目で確認しながら該当するパターンを発見し、個別にコレクションに加えていく方法がとられることが多いのですが、作業に要する時間と労力は相当なものになります。この作業をもっと楽に行うために、ELANが役立ちます。以下ではその具体的な作業について解説しましょう。主な作業は、①注釈の設計と付与作業、②付与した注釈を利用した検索、③特定作業向けの機能利用の三つです。これらの手順を踏んで、研究に利用可能な事例集の作成ができるようになることを目指しましょう。

2　分析のための事例集を作る

2.1.　どんなデータから何を抽出しようとするか

データは二人の男性（タロウとマサキ）による手話会話です。長さは録画を開始してからだいたい1分程度までの部分を使います。映像は市販のビデオカメラで撮影したものを解像度640×420、30fpsのAVIファイルに変換しています。動画ファイルの仕様・変換についてはウェブサイトで詳しく解説していますのでそちらも参照してください。

はじめに述べたように手話はさまざまな視覚的モダリティ（手指、視線、身体など）を用いる視覚言語ですが、このおかげで、音声言語とは異なる特徴が会話に生じます。たとえば手話を用いた会話では二人以上の参与者が同時に発話をおこなう発話重複が音声言語の会話と比べて頻繁に生じることが指摘されています。ここで興味深いのは、手話でよく注目されている手指のモダリティ以外に注目することで、この特徴をより深く知ることができるということです。ここでは手指動作と視線という二つのモダリティの組み合わせに注目して、これらのモダリティが用いられる発話重複の事例集を作っていきましょう。

2.2. コーディングの設計(デザイン)

手話会話での発話重複を分析するためには、ともかく発話の主構成要素である手指動作を適切に捉える必要があります。そのためには、たとえば片手・両手の区別をするかどうか、時間的に切れ目なく産出される手指動作をどのように切り分けて語や発話といった単位を設定するのか、といったことを考えなければなりません。こういったことを踏まえて、ここでは以下の図1に手話発話を捉える際のいくつかのモデルを示します。

図1で示したモデルはELANの注釈層として表現できること、各注釈層・注釈の関係が視覚的にわかりやすいものになることの2点を意識しています。発話構成を捉える際の粒度は上から下に向かって細かくなっていきます。

最上段の(1)はとにかく手が上がっているところを一つのかたまりとして捉

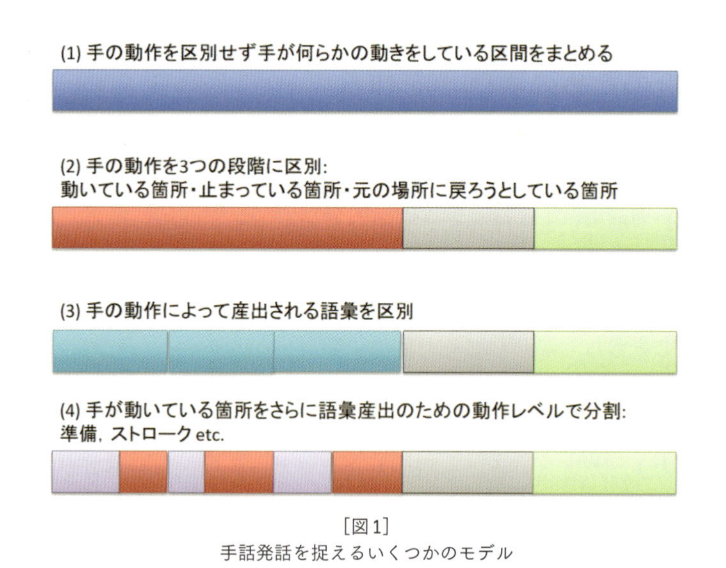

［図1］
手話発話を捉えるいくつかのモデル

えたものですが、単位が大きすぎて分析の初期段階にはあまり向きません。逆に最下段に示した(4)のモデルが最も細かいレベルで、ジェスチャー単位の概念を応用した動作単位によるものです（第8章で詳説されています）。語彙を区別する(3)のモデルでも分析には充分なように見えますが、音声会話の会話分析で極めて詳細な文字化手法が開発されてきたことからもわかるように、手話会話の場合でもやはり微細な動作の変化を記述する手法が有効です。細かな注釈付与は、会話の参加者自身がどういった情報を相互行為のための資源としているのかを明らかにしてくれます（例えば手が動き始めた時刻情報は、現在の発話が直前の発話のどこに反応して開始されているのかを検討する際に重要な情報になります）[1]。一方で収録したデータ全体にこのレベルで注釈を付与していくのは膨大な時間と手間が必要になるため、現実的には難しい場合が多いかもしれません。

このように注釈を付与するといっても、付与した注釈をどのように利用したいのかによって層・注釈の設計が変わってくるわけです。そこで本章では発話重複の特徴を探策的に見ることを目的に図1の(2)のモデルを採用します。つまり手話発話を構成する動作レベルの特徴を大きく三つにわけて注釈を付与し、必要に応じてより大きな／小さなレベルの注釈を付与する方法をとります。こういった注釈の設計は、研究の初期段階では全体の俯瞰が難しいため、最初から用意しておくことはできないこともあるでしょう。また実際に注釈を付与する作業を通して新たな注釈の構造が見いだされることもあるかもしれません。ですから「注釈の設計」ということにこだわり過ぎる必要はありません。ただし、本章で解説するような検索機能の利用や具体的な分析に踏み込むときには、注釈の設計が大きく影響してくることは間違いありません。ぜひ頭の隅にとどめながら作業をしてみてください。

まず注釈の第1段階として、手指動作を記述するための層を作成します。この層は今後の注釈付与作業のためのガイドとなるものなので、詳細なレベルでの注釈付与は考えず、とにかく手が動いているところ（M：move）、手が止まっているところ（H：hold）、手が基準位置に戻っていくところ（R：retract）この三つの区別をおおざっぱにしてしまいます。手が太ももの上などの基準位置（home position）にある区間は、上述の三つの注釈を付与することによって注釈のない空白区間として識別可能になります。

3 二者会話の発話重複を分析する

3.1. 動作レベルでの注釈付与

タロウとマサキそれぞれの発話に動作レベルでの層を割り当て、注釈を付与していく作業がある程度進んだ状態が図2です。この作業は管理語(Controlled Vocabulary)を活用するとスムーズにできるようになります。本章では管理語に2節で設定したM、H、Rの三つの注釈内容を登録し、「動き」という言語タイプ名を指定しました。

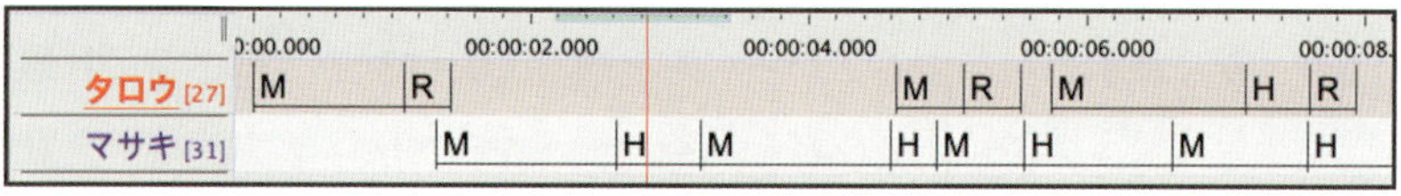

[図2]
付与された注釈の一部

図2を見ても明らかなように、発話重複は注釈の重複として視覚的に表現されています。つまり注釈内容の違いとして発話重複のタイプを観察することができるようになりました。具体的には①先行する話し手のRと次の話し手のMの重複(RMタイプ)、②先行する話し手のHと次の話し手のMの重複(HMタイプ)、③先行する話し手のMと次の話し手のMの重複(MMタイプ)という三つのタイプに分けられることがわかりました。次のステップではこういった特定の発話重複のタイプを、目で探しながらピックアップするのではなく、検索機能を利用して列挙してみましょう。

3.2. 特定の注釈同士の重複を検索する

まずELANの検索機能を呼び出してみます。上部メニューにある項目から**[検索]→[複数のeafファイルを詳細条件で検索]**と選択してください(図3)[2]。

検索機能を呼び出すと、最初に図4のウィンドウ「複数ファイルを検索するディレクトリーとファイルを選択」が開きます。ここから先でしなければ

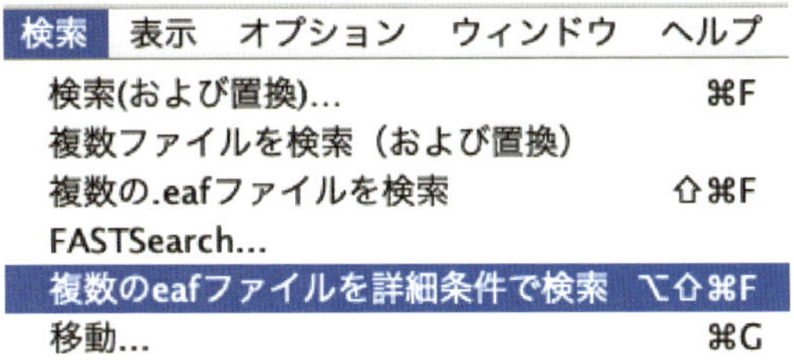

検索 表示 オプション ウィンドウ ヘルプ
検索(および置換)... ⌘F
複数ファイルを検索（および置換）
複数の.eafファイルを検索 ⇧⌘F
FASTSearch...
複数のeafファイルを詳細条件で検索 ⌥⇧⌘F
移動... ⌘G

［図3］
検索機能の呼び出しメニュー

ならないことは①検索対象ファイルの指定と②検索条件の指定の二つです。順に見ていきましょう。

3.2.1. 検索対象ファイルの指定

詳細検索ウィンドウを呼び出したら、図4左側のファイル選択の箇所で目的のファイルを探してください[3]。目的のファイルを見つけて「>>」ボタンをクリックすると、ウィンドウ右の「選択されたファイル」の中に表示されます。

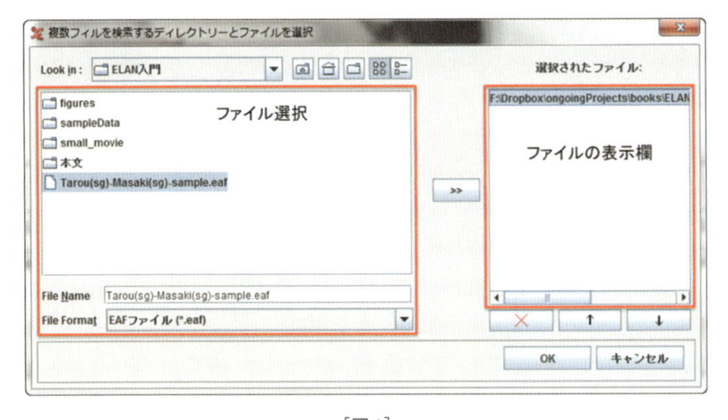

［図4］
検索対象ファイルの指定ウィンドウ

この「選択されたファイル」という部分が検索対象となるファイルになるわけです。ここでは単独のファイルを選択していますが、複数のファイルを検索対象にすることも可能です。ELANの詳細検索ではこのようにして指定したファイルの集合をドメインという概念でまとめて取り扱います（図5）。

［図5］
ELAN上でのドメインの概念

たとえば、PC上では別々の場所に置かれているフォルダに含まれるファイルを「手話分析ドメイン」として一括で指定することができ、複数のデータを横断的に検索するといった運用が可能になります。例えば執筆する論文ごとにドメインを指定しておいたり、参加者の人数で分けておいたり、用途に応じていろいろな活用方法が考えられます。

ドメインに取り込んだファイルの総数は検索ウィンドウの左上、「Domain」の部分に表示されます。本章では一つのファイルしか選択していないので、図7の上部には「Domain: 1 eaf files」と表示されています。

新規にドメインを追加したい場合はウィンドウ上部にある「Define Domain」というボタンを押します。すると図6のウィンドウが開くので、さらに「New Domain」を押して検索対象にしたいファイルを指定・追加して

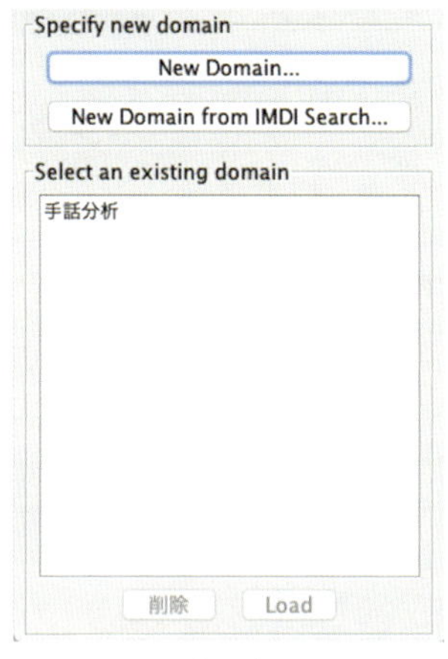

［図6］
ドメインの指定

ください。ここで新規作成したドメインは個別に名前を付けて保存しておき、後から読み込むことができます。無事にドメイン指定が終わったら検索条件の指定に進みましょう。

3.2.2.　検索条件の指定

検索条件を指定するウィンドウ上には、「Substring Search」「Single Layer Search」「Multiple Layer Search」の三つのタブが表示されています（図7を参照）。それぞれに異なる特性がありますが、ここでは一番右の「Multiple Layer Search（以下MLS）」を利用します。このMLSは情報量が多く複雑ですが、他のタブの機能はカバーできるので最初からこれに慣れてしまうことをおすすめします。画面の初期状態は以下のようになっています。

よく使うことになる枠で囲った部分を中心に解説していきます。まず図7の左上のModeはMLSの検索条件に指定する文字列の扱いを指定する部分で「大文字／小文字の区別をする（case sensitive）、しない（case insensitive）」、「検索を部分一致（substring match）／完全一致（exact match）／正規表現（regular expression）／変数（variable match）で行う」という二つの条件を指定します。部分一致や完全一致などの方法にはそれぞれ異なる利点がありますが、本章では部分一致を

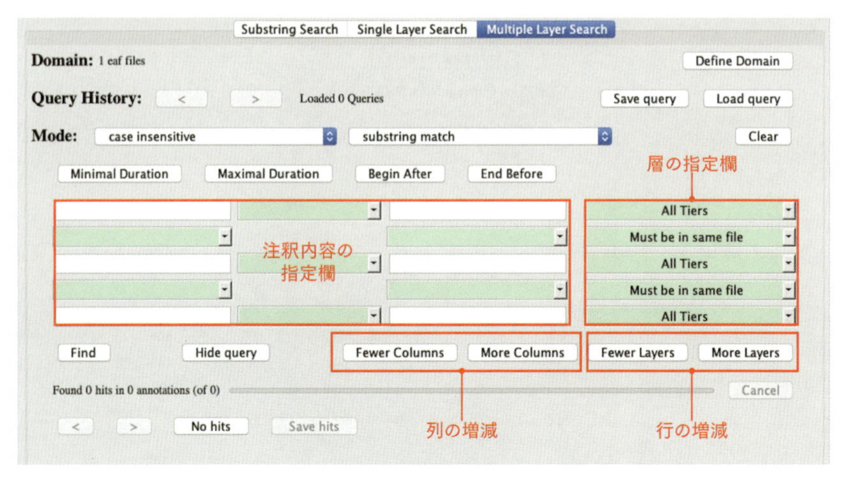

［図7］
Multiple Layer Searchの画面

利用してみます[4]。

次に注釈内容の指定欄ですが、初期状態では図7のように入力欄（白背景）が縦に三つ、横に二つ並んでいます。また注釈同士の関係を指定する指定欄（緑背景）が、それぞれの入力欄の間に配置されています。下にある列（Column、縦の関係）／行（Layer、横の関係）の増減ボタンを使って適当な数まで調整してください。ここでは列と行を一つずつ減らして検索をしていきます。そして右端にあるのが層の条件指定欄です。ここでは検索対象にする層の指定、指定した層同士の関係を指定します。

この基本情報を使って、「タロウが手を戻している最中にマサキが話し始めている箇所」を検索する場合の例を見ていきましょう。

以下の図8は、前述のとおりFewer ColumnsとFewer Layersを1回ずつクリックして行列を減らしたものになります[5]。「タロウが手を戻している最中にマサキが話し始めている箇所」をELANが理解できるように表現すると、「層タロウに含まれる注釈Rにたいして、層マサキに含まれる注釈Mが右側に重複（遅れて重複）し始めた箇所」となります。これをMLSの検索ウィンドウ内に表現していきましょう。図8を見てください。

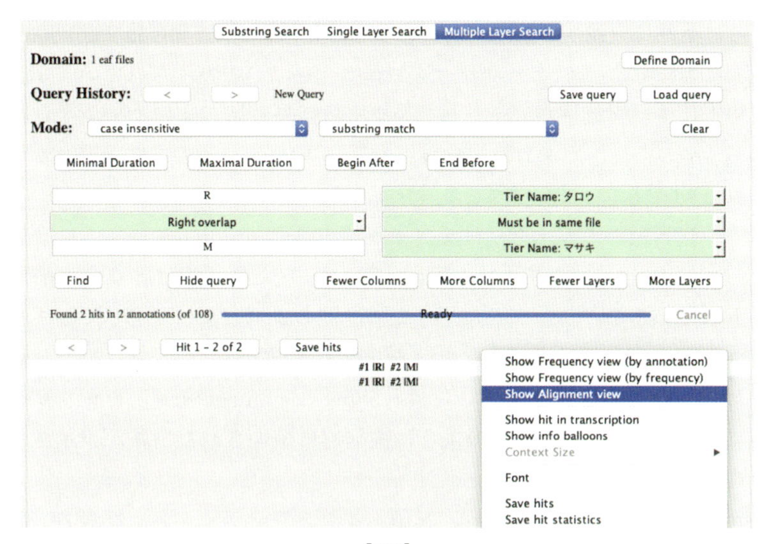

［図8］
MLS内での条件指定

最初に右列の層同士の関係を指定しましょう。三つ並んでいる緑背景のドロップダウンリストのうち、上と下の緑背景部分をクリックすると層・言語タイプなどを選択するリストが表示されるので、対象にしたい層を選びます。ここでは「Tier Name: タロウ」と「Tier Name: マサキ」の二つの層（Tier Nameで区別）を選びました。さらに二つの層の間にある条件指定を見てみると、Must be in same fileという条件のみが指定されていることがわかります。デフォルトの設定がこの条件となっていますので、通常はこの条件が指定されていることを確認するだけで問題ありません[6]。

次に注釈内容の指定を行います。1行目の左にある入力ボックスにあるRが注釈内容、右にある［Tier Name: タロウ］が層という関係です。3行目も同様にMが注釈、［Tier Name: マサキ］が層です。注釈内容指定欄の縦の関係には、注釈同士の関係にRight Overlapという条件を指定します[7]。

条件の指定は以上ですべて完了しました。実際に検索を実行するには、条件指定箇所の下にあるボタン群の一番左にあるFindボタンをクリックします。すると、ウィンドウの下部に検索条件に合致する箇所が一覧で出力されます。

ここでは条件に一致する箇所が二つあることが「Found 2 hits in 2 annotations (of 90)」(注釈総数90のうち、二つの該当する注釈が見つかった) と表示されています。そのすぐ下には検索結果が列挙されています。結果の見方は#1が検索条件指定欄の一つめの条件「層タロウに含まれるR」、#2が二つめの条件「層マサキに含まれるM」となっています。

さて、検索結果の表示方法はデフォルトではConcordance viewという方法になっています。この方法は一覧性が高い一方で具体的にどういう箇所がヒットしているのかがわかりにくいため、別の表示方法に変更してみましょう。検索結果表示部の上で右クリックをすると図8右下のようなコンテキストメニューが表示されます。ここで「Show Alignment view」をクリックしてみてください。すると図9のように視覚的に整理された情報が表示されるようになります。

左から順に「層名、注釈内容、言語タイプ、アノテータ名、話者名、開始時刻、終了時刻、継続時間」の順に並んでいます。中央やや左にある矩形で示されているのが視覚化された注釈の重複です。一覧性は低くなりますが、見つかった注釈の重複がどういったものなのかを把握しやすくなります。

このようにして特定の注釈同士の関係を検索し、視覚的にわかりやすい形式で出力することができました。この検索結果は「左ダブルクリックすることで該当箇所にジャンプ」できるという非常に役立つ機能が付いています。テキストベースで表示される検索結果もかなりわかりやすいものではありますが、該当箇所を実際に目で見て確認することも重要ですから、ぜひ活用してみてください。

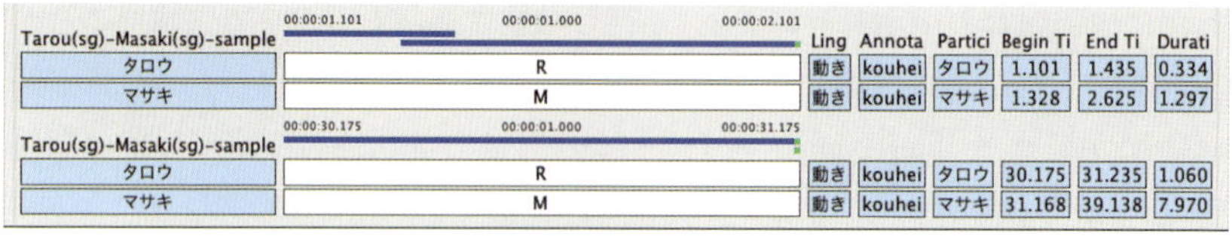

Tarou(sg)-Masaki(sg)-sample	00:00:01.101　00:00:01.000　00:00:02.101	Ling	Annota	Partici	Begin Ti	End Ti	Durati
タロウ	R	動き	kouhei	タロウ	1.101	1.435	0.334
マサキ	M	動き	kouhei	マサキ	1.328	2.625	1.297
Tarou(sg)-Masaki(sg)-sample	00:00:30.175　00:00:01.000　00:00:31.175						
タロウ	R	動き	kouhei	タロウ	30.175	31.235	1.060
マサキ	M	動き	kouhei	マサキ	31.168	39.138	7.970

[図9]
Alignment viewの表示

3.2.3. マルチモーダル分析へ

検索機能の利用ガイドの最後に、さらに検索条件として視線を追加してみます[8]。おおまかに「上（U）」「下（D）」「左（L）」「右（R）」「タロウ」「マサキ」という六つの視線配布先を設定した管理語を用意してコーディングをしたものが図10です。

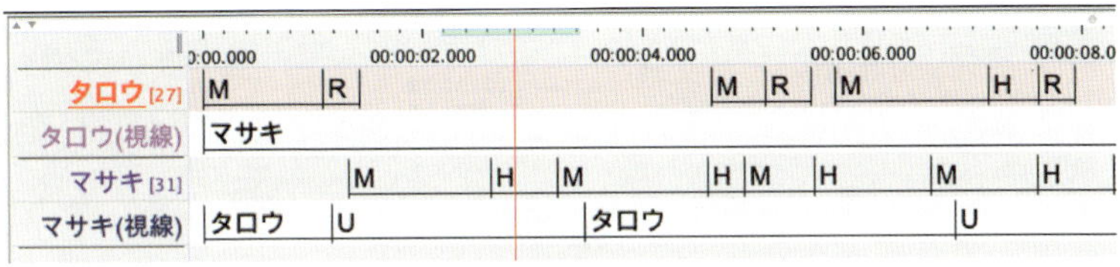

［図10］
視線を追加した注釈付与の例

冒頭のタロウのRとマサキのMの重複箇所から明らかなように、マサキはこのとき上（U）を見て話し始めています。そこでさきほど検索した「タロウが手を戻している最中にマサキが話し始めている」という条件に加えて、さらに「マサキが視線を上に向けている」ことを条件に追加してみましょう。

条件を追加するにはMore Layersを1回クリックして行を増やし、「マサキの視線U（上を向いている）がマサキの発話M（手を動かしている）と重複する（Overlap）」という条件を追加するだけです（図11）。指定した条件で検索してみると、先ほどのRとMの重複を検索した結果とおなじ2カ所がヒットしています。つまりどちらの発話重複もマサキが話し始めた時には視線が上に向けられていたということがわかりました。

さらに、マサキの視線に注目して周辺を眺めてみると、視線を上に向ける直前までタロウを見ているようです。次はこの条件を追加してみましょう。この検索をするときのポイントは「直前に」という部分をどのように表現してやるかですが、ELAN上では「注釈Aと注釈Bの間に0個の注釈がある」という表現が「注釈Bの直前に注釈Aがある」という意味になります。これを行と列の関係に落とし込んでみましょう。

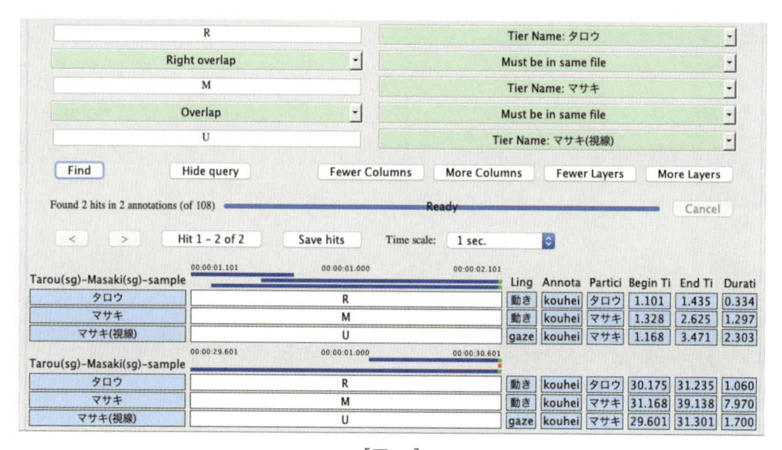

［図11］
視線の条件を追加した検索結果

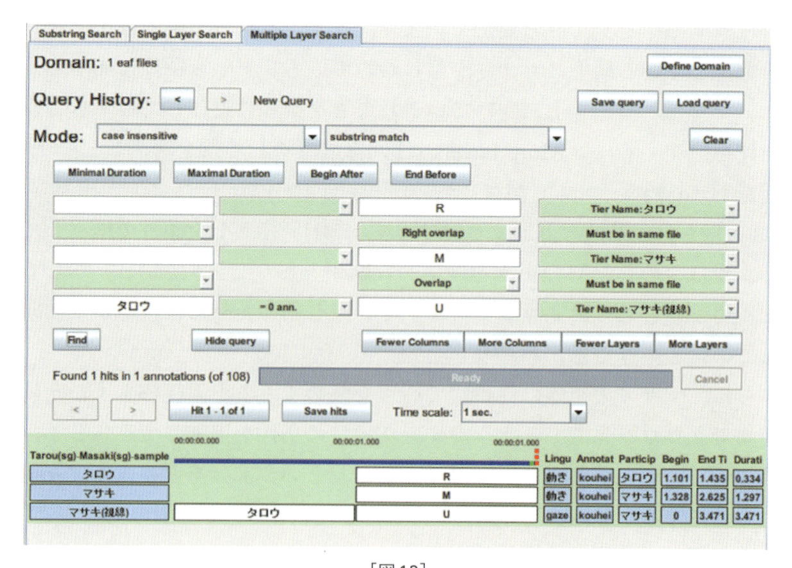

［図12］
視線の条件をさらに追加した検索結果

まずMore Columnsをクリックして列を増やします。すでに条件が入力されている列の右側に新しい列が追加されるので、右側の列にそっくりそのまま条件を移します。

次に最下行の左入力欄に「タロウ」と入力しますが、これだけでは次の「U」との関係が指定できていないので検索を実行するとエラーが返ってきてしまいます。そこで「タロウ」と「U」の間に注目してください。ここに「＝0 ann.」と表記されています。これは二つの入力欄の間にある緑背景部分をクリックして表示される選択肢の中から「＝N annotations」を選び、数値に0を指定することで表現できます。このように指定することで、右列の縦の関係「タロウのRにマサキのMが遅れて重複しはじめていて、かつマサキの視線が上を向いている」という条件に「かつマサキは直前までタロウを見ていた」という条件を追加できたことになります。検索を実行してみると、今度は結果が一つだけになりました。つまりRとMの重複という形で最初に見いだした発話重複のパターンには、さらに視線というモダリティとの関連からいくつかのパターンが存在することが示唆されました。

このように「視覚化された注釈の関係を検索条件として表現することを通して事例集を作成する」過程がイメージできるのではないかと思います。またこの過程は分析そのものとも深く関係していることがわかります。

4 発話単位の注釈付与と文字化

4.1. セグメンテーション・モードを利用して注釈を付与する

2節で付与した注釈は動作レベルの注釈でしたが、それよりも大きな発話の文字化のための注釈を「セグメンテーション・モード」を利用して作成してみましょう。セグメンテーション・モードは時間的に連続・非連続な注釈を単独のキー操作で次々と作成できるというメリットがあります。一方で作成される注釈は常に空となるので作成と同時に内容を入力することができないというデメリットもあります。これは管理語を利用している場合でも同様です。そのため発話内容を文字化する前に、注釈を付与する範囲を特定しておきたい時などに便利な機能だといえるでしょう。

さて、セグメンテーション・モードを利用するにはメニュー・バーから

［オプション］→**［Segmentation Mode］**を選択しましょう。すると図13のように画面構成がセグメンテーション・モード用に変化します。

画面右上には注釈分割・再生調整それぞれにタブが用意されていて、セグメンテーション・モードの動作設定をすることができます。重要なのは注釈分割タブの下部にある「注釈分割のキー」の把握（初期設定はEnterキー）と、上部にあるラジオボタンでの設定です。セグメンテーション・モードでは注釈の作成を開始時刻と終了時刻のマーキングによって行います。注釈分割キーの役割はこのマーカーを付与することです。ラジオボタンで設定できるモードは四つありますので、それぞれの動作を表1にまとめました。

では実際の動作を、図14で見ていきましょう。本章では一つめの動作モード（時間的に連続しない注釈の作成）で作業を進めていきます。まず、作業スペース最上部に現在選択中の注釈層が表示されていることを確認します（赤字で表示）。作業スペース下部の注釈層一覧では左端に赤のマーカーが表示されます。この選択中の注釈層の切り替えは、カーソル・キーの上下で行います。注釈分割キーに表示されているキー（デフォルトではEnterキー）を押下すると、注釈開始時刻のマーカーが最上部に表示されます（図14左側）。さらにクロスヘアを移動

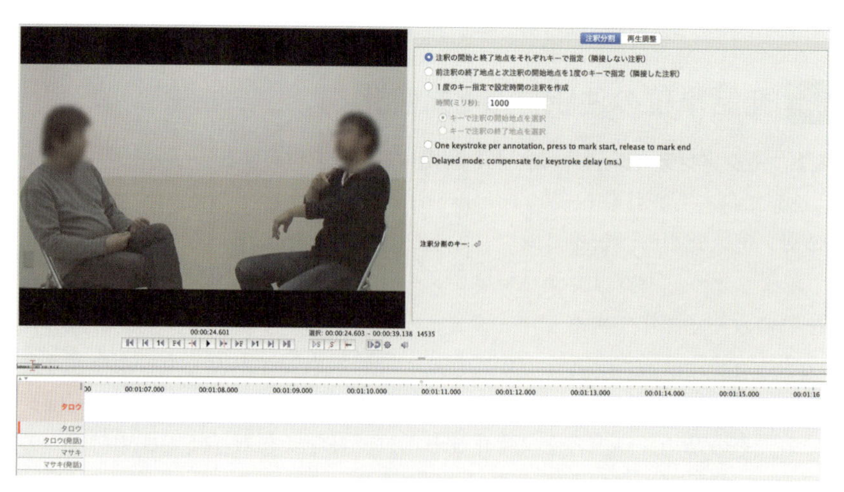

［図13］
セグメンテーション・モード画面

［表1］
セグメンテーション・モードの動作設定

ELAN上の表記	動作の詳細
注釈の開始と終了地点をそれぞれキーで指定	時間的に隣接しない注釈を作成する際に選択する。分割キーを押下するごとに注釈の開始時刻・終了時刻が個別に指定されます。
前注釈の終了地点と次注釈の開始地点を1度のキーで指定	時間的に隣接する注釈を作成する際に選択する。分割キーを押下するごとに注釈の終了時刻・開始時刻が一括で指定されます。
1度のキー指定で設定時間の注釈を作成	目盛りを振りたい場合には便利です。分割キーを押下すると指定欄で設定した時間長の注釈が作成されます。
One Keystroke per annotation、press to mark start、release to mark end	分割キーの押下で開始時刻のマーク、開放で終了時刻のマークとなります。

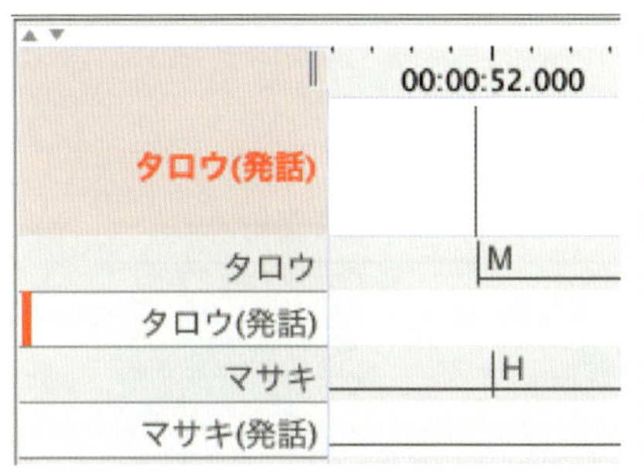

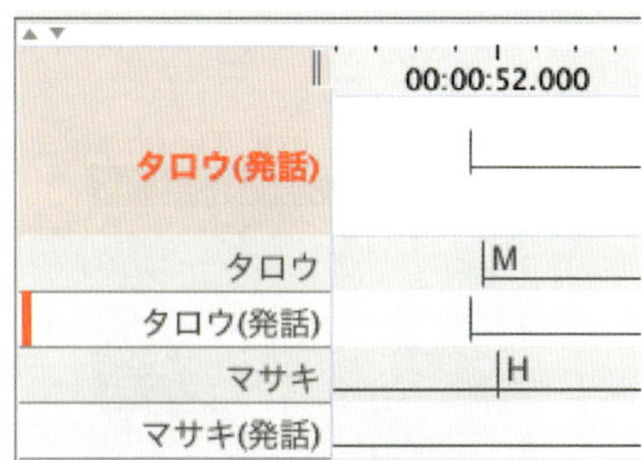

［図14］
マーカー付与の手順

させてもう一度注釈分割キーを押下すると注釈終了時刻のマーカーがつき、空の注釈が自動的に付与されます（図14右側）。クロスヘアの移動は注釈モードと同じキーボード・ショートカットで行うことができます[9]。

このように分割キー押下とクロスヘアの移動を繰り返すだけで、注釈を簡単に付与することができます。慣れてくれば短時間で大量の注釈を付与することができるようになるでしょう。ここでは使っていませんが、音声会話の文字化に波形データ（wav形式の音声ファイル）を利用する場合は、範囲特定のためのリソースが増えるので作業がやりやすくなるでしょう。

4.2. トランスクリプション・モードを利用して文字化をする

さて、前項ではセグメンテーション・モードを利用して注釈を付与する範囲を決定しましたが、注釈内容はまだ入力されていません。入力は通常の注釈モードを利用してもかまわないのですが、入力欄を開くためにいちいち注釈をダブルクリックする（またはキーボード・ショートカットを押す）必要があるのと、再生制御は個別に行わなければならないため少し手間がかかります。ここで紹介するトランスクリプション・モードを利用すると入力欄の開閉や再生制御に気をとられず、文字化にのみ集中して注釈内容を入力することができます。早速使い方を見ていきましょう。トランスクリプション・モードはセグメンテーション・モードと同様にメニュー・バーの**［オプション］→［Transcription Mode］**と進むと専用の画面に切り替わります（図15）。

画面右側のグリッドには、付与された注釈が開始時刻の早い順に上から下に向かって自動的に並べられます。このグリッドのうち、白背景の部分はす

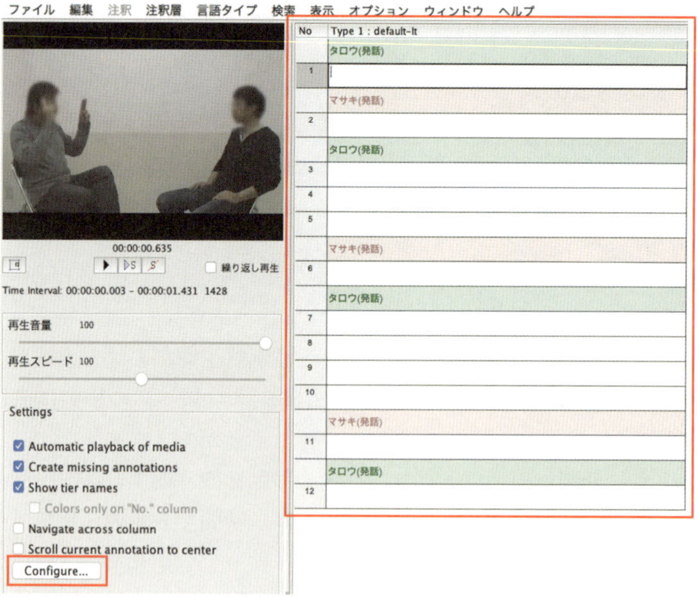

［図15］
トランスクリプション・モードの画面

べて入力可能欄で、左側には注釈の通し番号が表示されています。

複数の注釈層を作成している場合には、必ずしも目的の注釈層が表示されているとは限りません。もし異なる注釈層が表示されている場合は、図15左下のConfigureボタンを押すことで表示させる注釈層を選択することができます。

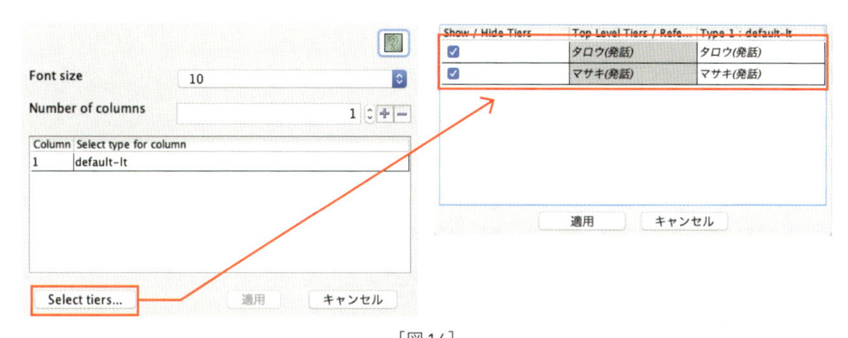

［図16］
表示する注釈層の選択

Configureをクリックして最初に開くウィンドウ（図16左）には、表示させたい注釈層の言語タイプを選択する表があり、初期状態ではSelect type for columnにはdefault-ltが選択されています。管理語を使った層、親子関係の設定された層などの特殊な対象を選ぶのでなければ言語タイプの設定を変更する必要はないので、「Select type for column」の箇所は触らず、そのまま左下のSelect tiersボタンをクリックしてください。するとさらに図16右のウィンドウが開き、言語タイプがdefault-ltに設定されている注釈層の一覧が表示されます。この中から目的の注釈層をみつけ、「Show/Hide Tiers」のチェックボックスを調整して表示させたいものだけを残してください。最後に「Apply」をクリックして完了です。

さて、これで準備が整いましたので実際に文字化をしてみましょう。試しに適当な入力欄をクリックしてみてください。自動的に該当箇所の再生が開始されたはずです。さらに画面左側にある「繰り返し再生」にチェックを入れておけば、入力可能な状態のまま該当箇所がリピート再生されます。何度も動画や音声を再生して内容を書き起こすという文字化作業にとって、これほど強力な支援機能はありません。またキーボードのTabキーを押下することで任意のタイミングで再生／停止ができる他、注釈モードやセグメンテーション・モードと同様にキーボード・ショートカットによる再生制御が可能です。マウスで再生箇所を選択したい場合は注釈の通し番号（Noの列）をクリックしてください。背景が少し暗くなって再生が開始されます。

図17では注釈番号8まではすでに内容を入力していて、9の箇所が現在入力中の注釈です。なお入力欄に変換確定待ちの文字列がない状態でEnterキーを押下すると直下の入力欄に移動することができます。

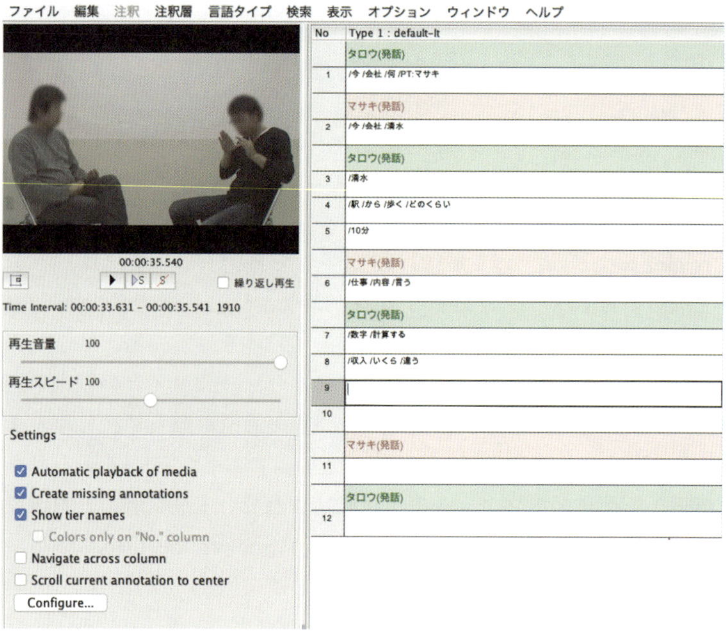

［図17］
トランスクリプション・モードによる入力例

5 おわりに

ここまで、手話分析を例に、事例集の作成に適した、高度な検索機能と特定作業向けの機能二つ（セグメンテーション・モードとトランスクリプション・モード）を紹介してきました。特定作業向けの二つの機能はそれぞれにクセがあるため、注釈モードですべての作業をしてしまった方が覚えることが少なくて済むかもしれません。ただそのクセさえつかんでしまえば驚くほど作業が捗るはずです。また検索機能については紙幅の制限上、充分には解説し切れていない部分もありますが、注釈同士の関係を特定のパターンとして抽出する方法とその手順については、おおよそ理解していただけるのではないかと思います。また検索によって抽出された事例が自分の想定したものと一致するかどうかを確認することは、設定された条件の過不足、すなわち事例を構成する諸要件が何なのかを見直すことにもつながります。もちろん検索条件の指定ミスによって違う結果がでてしまう可能性もあるため運用には充分な注意が必要ですが、まずはシンプルな検索条件の指定から始めてみてください。本章がみなさんの研究の一助となることを願います。

本章のまとめ

- **注釈同士の関係を条件指定してデータを検索することができます**

  これで事例集を作ることができ、探索的に事例の特徴を把握することができるようになります。

- **Multiple Layer Searchを使った検索機能が便利です**

  特定のパターンだけを集めた事例集を作成することができます。

  - 注釈同士の関係を指定するにはLayerを使う
  - 層同士の関係を指定するにはColumnを使う

- **注釈を作成する際の強力な補助機能が用意されています**

  メニューの「オプション」から選ぶことができます。

  - 注釈の範囲指定（開始時刻と終了時刻の決定）だけに特化されたセグメンテーション・モード
  - 注釈内容の入力に特化されたトランスクリプション・モード

注

1 いずれのモデルを採用する場合でも手話発話を構成する動作はフレーム単位で遷移していきますので、ELANの再生制御が力を発揮します。

2 他の検索方法は日本語（正確には2バイト文字）が扱えない場合があるため、単独のファイルを検索する場合でも「複数のeafファイルを詳細条件で検索」を利用することをお勧めします。

3 Mac版の場合は表示が多少違いますが操作・概念は共通です。

4 詳細についてはウェブサイトで補足しています。またELANのマニュアルでも詳しく解説されていますので、必要に応じて参照してください。

5 こういった表現は慣れないとわかりにくいかもしれませんが、図8を見てもわかるように「マサキの注釈Mの開始時刻がタロウの注釈Rの終了時刻よりも早く、かつマサキの注釈Mの終了時刻がタロウの注釈Rの終了時刻よりも遅い」という条件の指定方法よりははるかに直感的な条件指定ができると思います。

6 他にも親子関係、話者が同一人物、アノテータが同一人物などいくつかの複合条件を指定することができるようになっています。ご自分の検索対象にあわせて適当な組み合わせを指定してください。

7 注釈同士の関係についての表現は他にもLeft Overlap、Overlap、Fully Aligned、Withinなどがありますが、いずれもELANが視覚的に表現する注釈の重なり方を反映した表現になっています。それぞれが意味する注釈同士の関係については章末の付録で示しています。

8 コーディングのデザインや考え方、具体的な操作方法などは第5章および第10章を参照してください。

9 Ctrl+左右で1フレーム、Shift+左右で1秒、Ctrl+Shift+左右で1ピクセル。

付録：検索条件の一覧

条件名		詳細
列（縦）の関係	Fully Aligned	開始時刻と終了時刻の両方が一致する場合
	Overlap	開始/終了の早い/遅いにかかわらず重複する
	Right Overlap	上の注釈に対して下の注釈が右側に重複
	Left Overlap	上の注釈に対して下の注釈が左側に重複
	Surrounding	上の注釈を下の注釈が包含する
	Within	上の注釈が下の注釈を包含する
	No Overlap	重複なし
	No Constraint	条件なし
行（横）の関係	= N annotations	左の注釈と右の注釈の間にN個の注釈がある
	> N annotations	左の注釈と右の注釈の間にある注釈がN個より多い
	< N annotations	左の注釈と右の注釈の間にある注釈がN個より少ない
	No Constraint	条件なし

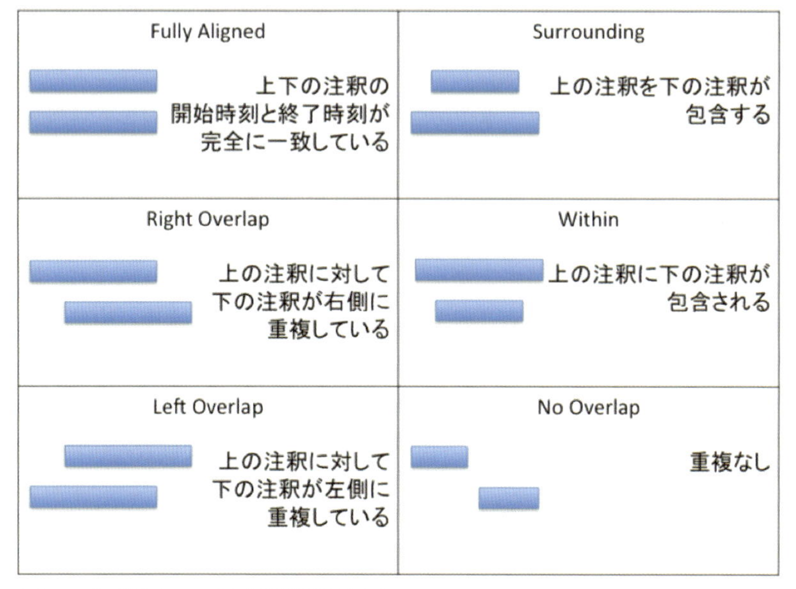

※ Overlapは上記No Overlap以外のすべての重複を含む

14 時系列データ分析
行動の時間変化をグラフ化する

生活のさまざまな場面でのできごとを記録する「ライフ・ログ」は最近ますます多様化しています。わたしたちの身の周りではさまざまなセンサーやデータ・ロガーによって、さまざまなデータが処理されています。機械のことは苦手で…という人も、実は知らず知らずの間にこうした機械を使いこなしていないでしょうか。たとえばスマートフォン。スマホはセンサーとデータ・ロガーの塊です。スマホが傾きに応じて画面の縦横を入れ替え、知らない間にユーザーの徒歩数を計測してくれるのは、スマホ本体にかかる重力変化を感知するいくつかのセンサーが備わっており、その変化量が刻々と計測され、データ処理されているからです。

こうしたデータ処理は、人間の行動を分析する研究者にとっても興味をそそられる問題です。人の動作やさまざまな行動を観察するとき、身体の位置やそこにかかっている力などのさまざまな情報と、映像・音声を組み合わせれば、新しい行動分析の可能性が広がるのではないか。たとえば、人が壁を押す動作を分析するとしましょう。映像にはその人が必死に力を入れているらしく、うーんといううなり声もきこえますが、人も壁も動きません。残念ながら、映像で人の動きを観察しても、動きがない限り、人がどのくらいの力で壁を押しているかはわかりません。でも、もし壁に加圧センサーが仕組んであり、どれくらい押されたかが時々刻々とパソコンに送り込まれ、数値として記録されていたならどうでしょう。壁を押す姿勢、表情、掛け声とセンサーの情報を同時に表示できれば、どんな姿勢、どんな表情のときにどんなタイミングで声と力とが連動していたかがわかります。

人の行動を計測する方法には、モーション・キャプチャやGPS、あるいは各種センサーなどさまざまなものがありますが、時間とともに変化するデータが次々と送られ数値化される点では共通しています。そこでこの章では、時間とともに変化する値の連なり、すなわち時系列データをどのように

ELANに取り込み、グラフ化するかについて解説します。

1 時系列データをELANに取り込む

パソコンに送られるセンサー情報はたいてい、時間軸に沿った数値の並び、つまり時系列のデータになっています。実はELANには、映像と音声だけでなく、こうした数値からなる時系列データを読み込んでグラフ化する「トラック・パネル」の機能があります。以下、その手順を見ていきましょう。

ELANで読み込むことのできるデータは、時刻と複数のデータが行列になった時系列データです。たとえば二つのセンサーを使った実験で、450ミリ秒の時点で、センサー1の値が43、センサー2の値が152だったとしましょう。「450、43、152」という三つの数値が得られます。さらにデータが送られてきて460ミリ秒の時点では21、190、470ミリ秒では36、180…という具合に変化したとすると、表1のような行列が得られます。これがここでいう時系列データです。

[表1]
簡単な時系列データの例

450	43	152
460	21	190
470	36	180

ELANは時系列データがCSV形式になったものを読み込んでくれます。このとき、時刻をミリ秒単位にするよう注意して下さい。また、Macでは、CSVファイルのエンコーディングをUTF-8に、改行タイプをLF（Mac/UNIX）にする必要があります。

CSVファイルの読み込み手順は以下の通りです。

❶メニュー・バーから［**編集**］→［**リンクファイル...**］を選ぶ。

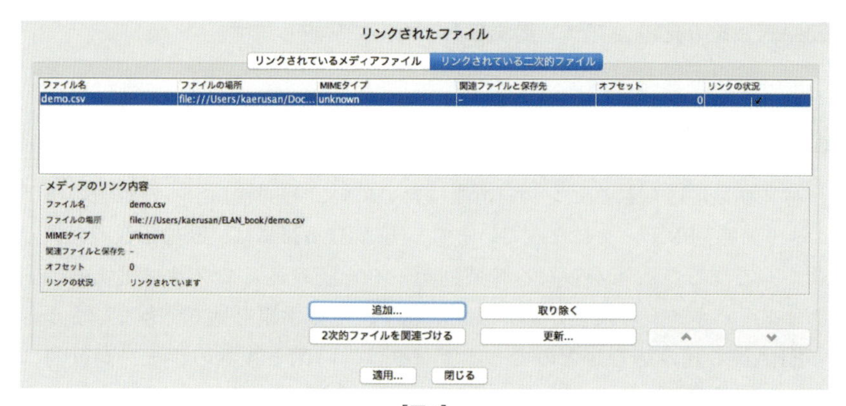

[図1]
「リンクされている二次的ファイル」としてCSVファイルを指定する。

❷ダイアログが開くので、上部に表示されている「リンクされている二次的ファイル」を選ぶ（図1）。
❸「追加...」を選び、あらかじめ作っておいた時系列を含むCSVファイルを選択する。
❹「適用」を押す。

これで登録完了です。ELANの注釈画面に戻ると、波形ビューアの上に四角いウィンドウが新たに開いたのが分かります。これが「トラックパネル」です。ただし、最初はこのパネルはただの空白です。ここに登録したCSVファイルのデータを表示してみましょう。以下では、一つ一つの時系列のことを「トラック」と呼びます。

❶トラックパネルの上で右クリック。
❷**[トラックの環境設定]** というプルダウンメニューを選択。
❸CSVファイルの中身が数行表示されて、設定がいろいろ表示されます（図2）。
❹まず、「時間の列番号」を指定。ここではCSVファイルで時刻情報が記されている列番号を指定します。表1の場合は1列目なので「1」(図2a)。
❺「トラック名」を適当に記入します。表1の場合は2列目がセンサ1のデータなので、トラック名は「センサ1」とし、「列」は「2」とします（図2b,c）。

❻「(優先する) 範囲」は、描かれるトラックの縦軸の範囲を決めます。分からないときはとりあえず「データから範囲を算出」を選んでおくとよいでしょう。
❼「微分係数」は「0」なら単なる数値変化を、「1」ならデータの速度変化の度合いを、「2」ならデータの加速度変化の度合いを表示します。通常は「0」を選ぶとよいでしょう。
❽「単位 (文字列)」は縦軸に単位を書き添え、「トラックの色」は描かれる線の色を決めます。あとで書くように、一つのトラックには複数のデータを描けるので、もし複数のデータがあるならば、ここで色分けをしておくと便利です (図2d)。
❾最後に「追加」を押せば、一つのデータの登録が完了 (図2e)。
❿もし複数の線グラフを描きたい場合は「トラック名」に新たな名前を記入してから❺〜❽の作業を繰り返します。

さて、いよいよグラフの表示です。線グラフを表示するにはトラックパネル上を右クリックしてから **[トラックパネル] → [すべてのトラックの追加]** を選びます (図3)。一つのトラックパネルに登録済みのデータが二本の「トラック」となって表示されます (図4)。

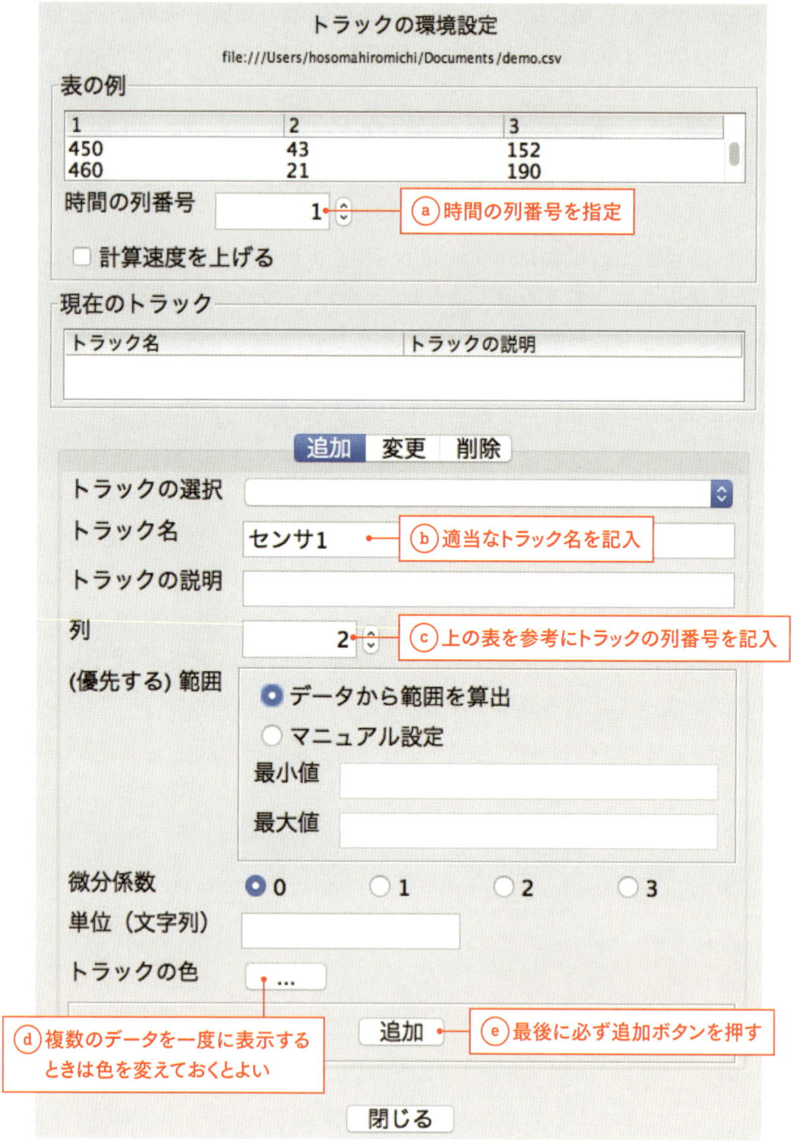

トラックの環境設定

file:///Users/hosomahiromichi/Documents/demo.csv

表の例

1	2	3
450	43	152
460	21	190

時間の列番号 1 — ⓐ時間の列番号を指定

計算速度を上げる

現在のトラック

トラック名	トラックの説明

追加 変更 削除

トラックの選択

トラック名 センサ1 — ⓑ適当なトラック名を記入

トラックの説明

列 2 — ⓒ上の表を参考にトラックの列番号を記入

(優先する) 範囲

データから範囲を算出

マニュアル設定

最小値

最大値

微分係数 0 1 2 3

単位（文字列）

トラックの色 ...

ⓓ複数のデータを一度に表示するときは色を変えておくとよい

追加 — ⓔ最後に必ず追加ボタンを押す

閉じる

［図2］
「トラックの環境設定」画面。時刻データ、と各データの列番号を設定し、下の「追加ボタン」を押す。

［図3］
トラックパネルを右クリックしたところ。「すべてのトラックを追加」を選べば、センサ1、2のデータが二本の「トラック」となって表示される。「トラックの追加／削除」で一本ずつ追加したり削除することもできる。「パネルの範囲を設定」で、「Combine all tracks」を選べば、自動的に二本のデータの表示範囲を設定してくれる。

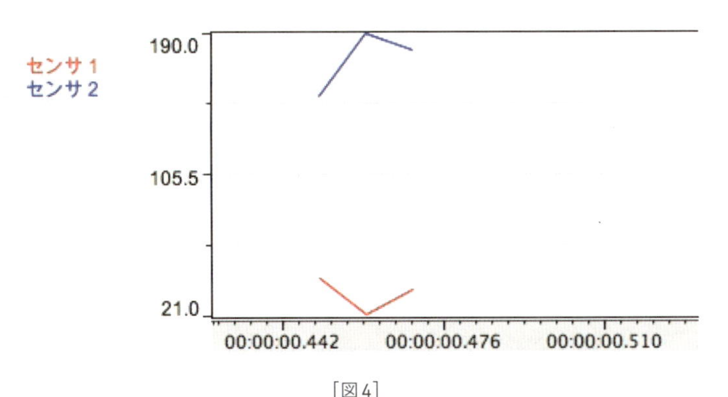

［図4］
一つのトラックパネルに表1のデータを二つのトラックを表示したところ。

2 時刻の入っていないデータの処理

ところで、外部から刻々と送られてくるデータには時刻が入っておらず、そのままではどの値がどの時刻か分からない場合があります。しかし、このような場合でも、もしデータが一定の時間間隔でパソコンに送られてくるのであれば、時系列データとして使えます。

たとえば、センサーが1/10秒ごとにパソコンにデータを送ってくるのであれば、いったん一列の数値をExcelなどの表計算ソフトで読み込み、その横に1/10秒ずつ増えていく時間を表すデータ列を増やします。これをCSVで出力すると、ELANで読み込むことのできる時系列データが出来上がります。

実例を挙げましょう。動画の各フレームで色変化が起こったピクセルの数をカウントするMotion Energy Analysis (Ramseyer & Tschacher 2011) という手法があります。固定アングルで撮影しておくと、背景のピクセルは動かず、人の

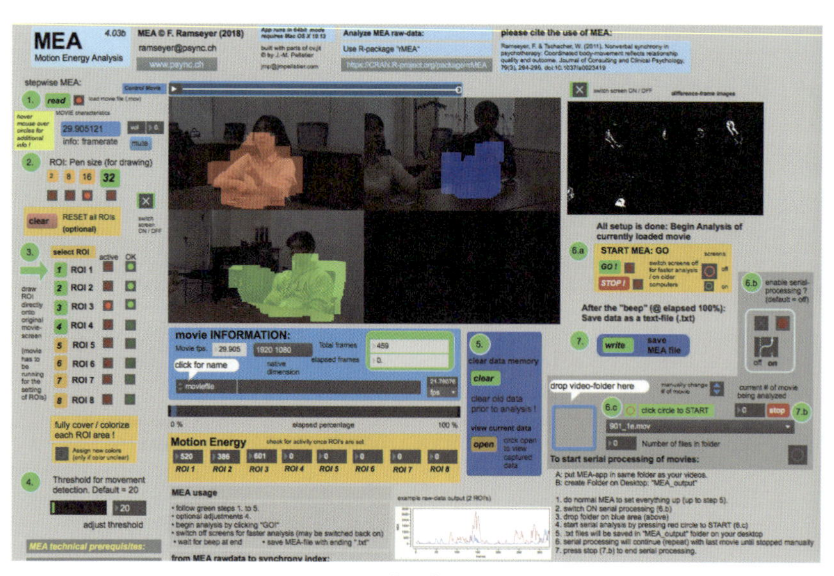

[図5]
Fabian Ramseyerの開発した、動画のピクセル変化を計測するソフトウェア「MEA」(一部)。
動画を読み込み色を塗った部分のピクセル変化量をフレーム単位で計測する。

動いた部分だけピクセルも動くので、MEAの変化量は人の動きの量をおおよそ表してくれることになります。この変化量を折れ線グラフにできれば、動きの不連続な点が視覚化されることになります。

この分析をやってくれるMEAというフリーソフト（図5）があるのですが、ソフトが出力するデータはただ一列の数字で、そのままではどの行が何秒後のデータかわかりません。しかし実はこのソフトは、動画の1フレームに対して画素数の変化値を一つ記録することがわかっています。ということは、たとえば1秒30コマの動画を分析したとしたら、一つ一つの数値の間隔は1/30秒だということになります。

そこで、MEAのデータをExcelなどの表計算ソフトで読み込み、その横に1/30秒ずつ増えていく時間を表すデータ列を増やします。たとえば、三人のやりとりを三つの領域に色分けし、ピクセル変化を計測すると、3列のデータが得られます。これらはいずれも1/30秒ごとに計測されているはずなので、1000/30ミリ秒ずつ進む時刻データを一列目に加えます（表2）。これをCSVで出力すると、ELANで読み込むことのできる時系列データとなります。

図6は、表2で示したMEAのデータを読み込んだところです。三つの領域のピクセル変化数が線グラフとなって示されています。興味深いことに、線グラフの谷の部分（いちばんピクセルの変化数の少ない部分）は、動作フェーズ（第8章2節参照）の区切れ目と対応しやすいことがわかります。

［表2］
サンプルムービーのMEAのデータ（2列目以降）に後から時刻列（1列目）を加えたもの。

後から足した時刻列	AのMEA	BのMEA	CのMEA
0	2054	0	918
33	2591	0	742
67	2157	0	524
100	1660	0	576
…	…	…	…

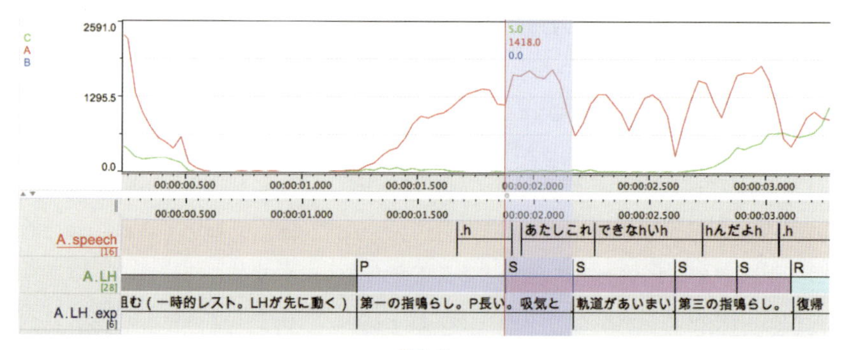

［図6］

MEAのデータとサンプルムービーのAの動作フェーズを対照させたところ。ちょうどMEAのデータの谷の部分が動作フェーズの境目と照応していることがわかる。ところどころ細かい山や谷が出ているのは、手の移動中に指が指鳴らしのために動いている部分。

動作フェーズの始まりでは身体は加速し、その頂点ではもっとも速くなり、フェーズの終わりに向かって減速するので、ピクセルの変化数もまた、始まりで増加し、頂点で最も大きくなり、フェーズの終わりに向かって減少していくというわけです。

ただし、指の動きの大きいところでは、手の移動量以外の山や谷が出てしまっています。もしMEAのデータだけで判断したなら、こうした問題は見つからなかったでしょう。このように、MEAとELANを併用すると、ELAN上で目視によってコーディングしていた動作フェーズの範囲をより正確に記すことができる一方で、MEAデータのブレをELAN上の映像によって確認できるので、双方の分析精度を上げることができます。

他の時系列データでも、ELANと組み合わせることで、映像・音声・時系列データを比較することができ、よりデータを詳しく読み込むことができるでしょう。

3 映像・音声との同期

映像・音声と他の時系列データを同期させるには、指鳴らしのようななんらかの目安が必要です。時間の解像度は映像よりも音声のほうが圧倒的に優れている（第4章1節参照）ので、音声と他のデータが同期する合図を考えるとよいでしょう。たとえば、加圧センサーを使う場合にはセンサーを軽く叩いて音を立てれば、圧力の変化と音の変化が同時にピークになる合図が作れます。あとで数値と音声変化を見比べ、ピークに合わせて両者の時刻を揃えるとよいでしょう。

本章のまとめ

- **さまざまなセンサーや計測機器をパソコンとつなぐことで**
  時間とともに変化するできごとの値（時系列データ）を得ることができる。時系列データをELANに取り込めば行動分析に使える。
- **ELANに時系列データを取り込むには**
  [リンクファイル...] → **[リンクされている二次的ファイル]** でCSVファイルを追加。
- **取り込んだCSVファイルを表示するには**
  トラックパネルを右クリックして、**[トラックの環境設定]** を選択。時刻、データ列を設定。
- **設定したデータを表示するには**
  トラックパネルを右クリックしてから **[トラックパネル]** → **[トラックの追加]**。
- **時刻の入っていないデータは**
  もしデータの時間間隔が分かっているなら表計算ソフトで時刻列（ミリ秒）を加えたCSVファイルを作る。
- **撮影される映像・音声と時系列データを同期するには**
  センサーを叩いて音を出すなど、センサーと音声を連動させるような適当な合図を決める。

15 映画分析と音楽分析

映像と音声との両方を可視化するELANは、映画やTVドラマなどの映像作品分析、音楽の分析に威力を発揮します。本章の1節では、映画の分析法を解説し、2節では実際の分析例を挙げながら分析の進め方を紹介します。3節ではELANを用いた音楽分析について解説します。

ELANには、字幕表示機能であるテロップ・ツールがあり、映像を再生しながら適切なタイミングで注釈内容を表示することができます。また、注釈内容を映像の字幕用に出力できます。テロップ・ツールは、映画の字幕を作成する際や、国際学会などで映像に外国語の字幕を入れる際に効果的でしょう。2.1.節では、テロップの使用法についても解説します。

1 映画分析

映画やTVドラマ、あるいはプロモーション・ビデオなどの映像作品には、分析すべき要素がいくつもあります。コマ、ショット（カット）、シーン、シークエンスといった映像単位の要素、俳優のせりふや動作、カメラ・ワーク、あるいは音楽や効果音といった音響要素などがこれにあたります。これらが同時に進行しながら複雑にからみあっているのを解きほぐすには、映像や音声の時間軸に沿っていくつもの層の注釈を入れる作業が必要となります。

かつて、映画を研究する人の多くは、フィルムを直接操作できる特別な場合を除くと、映画館で何度も同じ映画を観て、その記憶に基づいて分析を行っていました。家庭用の再生機が登場すると、映像を一時停止してはその時刻をメモし、そこで起こったことをノートにとる、といった作業が可能になりましたが、一度観た箇所をもう一度頭出しするのはとても面倒な作業でした。しかし、ELANでメモをとるなら、こうした悩みからは解放されます。

分析結果を人に見せる際も、ELANは威力を発揮するでしょう。注釈をクリックすれば、その箇所を即座に再生することができ、カーソルをなでるだけでコマごとの移動、スロー再生、逆再生などができるので、プレゼンテーションにも便利です。たとえば、教育現場でさまざまな映像の一部を詳細に分析したり、受講生の作品を講評したりするときには効果的でしょう。

この節では、こうした映像作品分析やプレゼンテーションにELANを応用する方法を簡単に紹介します。

1.1.　どんな映像を分析するか

既成の商用映像作品をELANに取り込む方法は、残念ながらあまりありません。ELANはもっぱらパソコン上のMOV、MP4ファイルなどを扱い、DVDやオン・デマンドの映像を扱うことはできないからです。また、著作権法にも配慮する必要があります。

一方、個人撮影したものや著作権の切れた古い作品などは、適当な動画形式に変換し、ELANで分析することができます。たとえばアメリカ議会図書館にはいくつものサイレント映画がMOVファイルやMPEGファイルの形でアーカイヴされていて、ダウンロードが可能です。

1.2.　どんな層をつくるか

映像を分析するとき、どんな層をつくるとよいでしょう。出発点として考えられるのは、よく知られている映像の単位を用いるやり方です。

映像の単位を短いものからごく形式的に書くと、まず、フィルムやデジタル映像の1コマがあります。次に編集の入らないひと続きの映像、すなわちショットがあります。映画は通常、異なる時間に撮影された複数のショットをつないでいくことで構成されます。このつなぎ目のことをカットといいます（ちなみにアニメや邦画の現場では「カット」ということばをしばしば「ショット」の意味で使うので注意が必要です）。さらに、複数のショットからなるシーンがあります。シーンは単一のアクション、もしくは単一の場所を扱ういくつかのショットの連なりを指します。さらに、複数のシーンからなるシークエンスという単位を使うこともあります。シークエンスはいくつかのアクションや場所の連なりからなる、いわば「場面」です。

どこから手をつけてよいかわからない、というときは、分析している箇所を示す目次がわりに、まずシークエンスの層を作っておきましょう。ショットが抽象的な場合や一つのシーンに多様な要素が入り込んでいる場合はシークエンスの区切れ目がはっきりしないこともありますが、ここでは目次を作ればよいので、まずはざっくりと切り分けておきます（あとでいくらでも編集できます）。シークエンスの区切れ目がわかりにくい場合には、別の層にそのことをメモしておくとよいかもしれません（それ自体がその作品の特徴かもしれません）。ともあれ、映画をいくつかの部分に切り分けておくと、どこを分析していたかを思い出すときや、誰かに説明したり、何人かでディスカッションしたりするときに便利です。

次に、ショットの層を作り、編集の入っている箇所、すなわちカットごとに切れ目を入れていくとよいでしょう。一つ一つのショットに注釈を入れるのは、映画の編集の妙に分け入っていく作業であり、この作業を通していくつもの発見をすることになるでしょう。これらの層に、セリフ、カメラ・ワーク、演技、音楽などに関する層を必要に応じて追加します。

カメラ・ワーク層に注釈を入れるには、カメラ・ワーク用語を用います（図1）。複雑なカメラ・ワークを記述するには、アングル層（ハイ／ローなど）、動作層（ロール／パン／ティルトなど）、フォーカシング層などを分けるとよいかもしれません。カメラ・ワークとは別に、フレーミングに関する層を作ることも考えられます（図2）。カメラ・ワークでは、複数の動きが並行して独立に行われる場合があります。複雑なカメラ・ワークを記述するには、どの動きがお互いに独立なのかを考えて、独立なものどうしは層を別に作るとよいでしょう。

最近、Bateman & Schmidt（2012）は、複数の時間軸に注目しながら映画を分析するマルチモーダル・フィルム分析を提唱しています。彼らはELANを使っているわけではありませんが、ショット、カメラ・ワーク、ダイアローグ、サウンドトラックといった複数の時間軸に注目しながら映像を読み解いており、参考になります。

1.3.　柔軟で精緻な分析のために

映画のどんな側面に注目して層を作るかは、その分析の方向を決定づけます。

Monaco（2009）の『映画の教科書』は、コマ・ショット・シーン・シーク

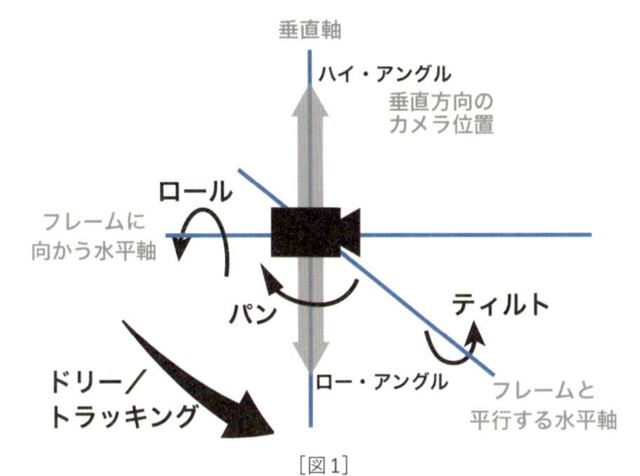

［図1］
主なカメラ・ワーク用語。ドリーは被写体を動かさずにカメラだけを動かす。
トラッキングは被写体とカメラを同時に動かす。
Bateman & Schmidt (2012) から改変。

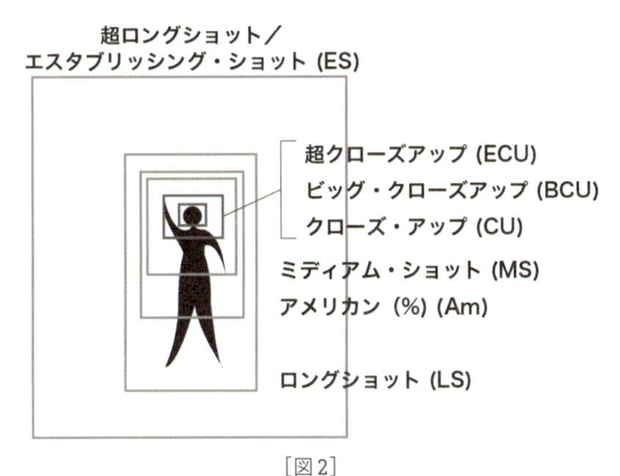

［図2］
主なフレーミング用語。フレーミングはカメラのズームを用いるか、
被写体との距離を変えることで調整される。Bateman & Schmidt (2012) から改変。

エンスといった単位だけでなく、一つのコマの中に含まれる視覚的刺激、ショット内部のカメラの動きの変化や俳優の表情の変化、あるいは音楽の変化など、さまざまな要因について豊富な事例とともに紹介しており、分析の層を考えるときの参考になります。

層を柔軟に作る方法の一つは、メモをとるための層を作っておき、そこに気づいたことをどんどん注釈として書き足していくことです。何らかの要因についてメモがまとまってきたら、新しい層を作ってそこに注釈を移動します（Optionキーを押しながらドラッグすれば注釈は層間で簡単に移動できます）。たとえばショット内の特定の人物や事物の動きに関するメモを増やしていくことで、ショット単位だけでは説明できないできごとを表すことができるでしょう。これらの層を見比べるうちに、映画は単線的に進む存在ではなく、複数の時間によって重ね編みをされた織物になっていきます。

一方で、注釈を入れる作業だけで疲弊しないよう、必要以上の細かさにこだわらないことも重要です。たとえば、大作映画を対象に1.2.で述べたようなカメラ・ワークの細部をすべてコーディングするのは、かなりの労力を伴う作業です。後の分析に使うあてがないのであれば、いくつかの動きをまとめて一つの層でメモする程度にしてもよいでしょう。分析はやみくもに細かくすればよいのではなく、適切な粗さを要するのです。

平倉（2010）は、ゴダール作品の映像と音声を対照させながら分析し、左右の音がショット内の映像に合わせて緻密に編集されていること、逆に登場人物の発する声に合わせて正確にカットが入っていることを明らかにしています。こうした発見は、映像と音声を何度も再生する一方で、それらを視覚的に比較することで、初めて可能になります。平倉はこのような作業環境をゴダールにならって「編集台」と呼んでいます。映像と音声の時間構造を可視化して注釈を付けることのできるELANは、映画分析にとって強力な編集台となりうるでしょう。

言うまでもないことですが、ELANでの分析に入る前に、まず作品を（できれば映画館で）何度か通して観ることが重要です。全体の時間の流れの中で感じられる鑑賞者の感情の動きや違和は、映画のどこに注目し、層と層との間にどんな関係を見出すかを考えるための、大事な手がかりとなるからです。

2 映画分析の例：グリフィス『光は来たれり』を分析する

この節では、映画分析の練習問題として、サイレント期アメリカ映画の巨匠D. W. グリフィスの短編『The Light That Came（光は来たれり）』(19分／Biograph, 1909) を取り上げましょう。三人姉妹のうち働き者で右頬に傷を持つ三女と盲目の音楽家が結ばれ、音楽家は高名な医師の手術によって視力を取り戻すという物語です。カメラは舞台撮影風の超ロングショットで固定されており、1ショットがそのまま1シーンになっているシンプルな構造を持った映画ですが、その分、グリフィスの演出の巧みさがはっきり表れており、分析のしがいのある作品です。のちの伴奏家によって念入りに考察された音楽も入っているので、映画音楽に関心のある方なら、この音楽を手がかりに分析したくなるかもしれません。なお、アメリカ議会図書館のアーカイヴに関するブログ（https://blogs.loc.gov/now-see-hear/2014/06/the-sound-of-silents/）でこの作品を見たりダウンロードすることができます。

2.1.　字幕を作って表示する

最初に、映画でよく用いられる字幕を作ってみましょう。

まず、字幕を入力する層を作って、注釈を入れていきます。層と注釈を作る基本的な手続きについては第2章7節を参照して下さい。

『光は来たれり』はサイレント期の映画のため、すでに英語字幕が入っています。そこで、日本語字幕の層を作って、英語字幕が表示されるタイミングで書かれた内容を日本語で注釈に入力します。音声付きの映画の場合は、音声波形を見ながら、セリフの入っている区間を割り出し、字幕をつけていくとよいでしょう。この際、字幕を表示したい時間範囲に正確に注釈を作って下さい。

注釈を入力し終わったら、映像を再生しながらこれらを表示させます。表示にはツール群の **［テロップ］** を選びます。<select a tier>と表示された部分をクリックして、日本語字幕の層を選びます。映像を再生すると、注釈範囲にたどり着いたタイミングで字幕が表示され、注釈範囲を抜けると消えることがわかります（図3）。研究会や講義で字幕付き映像を見せたい場合には、この方法で十分でしょう。

映画などの字幕を入れる仕事では、単に字幕の内容を打つだけでなく、それぞれの字幕のタイミング（開始時刻、終了時刻）を記すよう求められることがあります。このような場合は、**［別ファイル形式で保存］** → **［タブ区切り文書ファ**

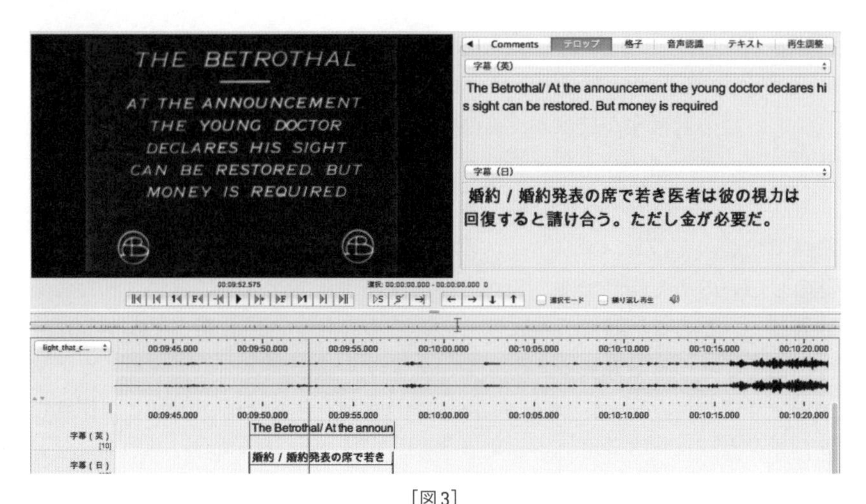

［図3］
テロップ・ツールを用いて字幕を表示しているところ。
ここでは日英二つの字幕層を作ってから再生している。

イル形式で...］を使います。パネルが表示されて（図4）、どの層を出力したいか、時間形式をどうするかなどを指定できるので、必要な形式を指定し、「OK」を選択します。出力ファイルはタブで区切られたテキスト形式になっており、表計算ソフトにコピー＆ペーストすれば、開始時刻、終了時刻、字幕の3列からなる表になります。

注釈を出力してMOV形式の映像に字幕を直接入れることもできます。この方法については、本書のwebサイトをご覧下さい。

2.2. 層と注釈を作りながら分析する

『光は来たれり』のシークエンス（場面）は、ほぼこの字幕の入るタイミングで切り替わります。そこで、字幕層を目安にして、今度は映画のシークエンス層をつくります。この作業を通して、映画全体がどのようなシークエンスで構成されているかが見通せます。『光は来たれり』の場合、八つのシークエンスから構成されていました。

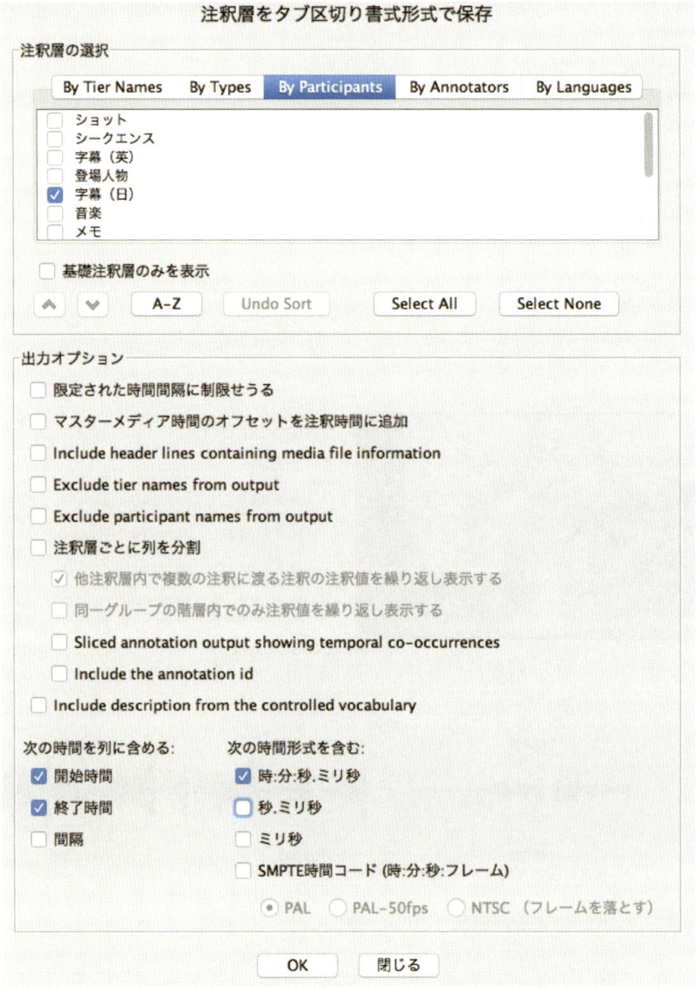

注釈層をタブ区切り書式形式で保存

注釈層の選択

By Tier Names | By Types | By Participants | By Annotators | By Languages

ショット
シークエンス
字幕（英）
登場人物
字幕（日）
音楽
メモ

基礎注釈層のみを表示

A-Z | Undo Sort | Select All | Select None

出力オプション

限定された時間間隔に制限せうる
マスターメディア時間のオフセットを注釈時間に追加
Include header lines containing media file information
Exclude tier names from output
Exclude participant names from output
注釈層ごとに列を分割
他注釈層内で複数の注釈に渡る注釈の注釈値を繰り返し表示する
同一グループの階層内でのみ注釈値を繰り返し表示する
Sliced annotation output showing temporal co-occurrences
Include the annotation id
Include description from the controlled vocabulary

次の時間を列に含める:
開始時間
終了時間
間隔

次の時間形式を含む:
時:分:秒.ミリ秒
秒.ミリ秒
ミリ秒
SMPTE時間コード (時:分:秒:フレーム)
PAL　PAL-50fps　NTSC（フレームを落とす）

OK | 閉じる

［図4］
タブ区切り書式形式で保存するときの表示パネル。
どの層を選ぶか、開始時間、終了時間の形式などが指定できる。

1 三人姉妹
2 土曜の夜の対比
3 ボールルームでのダンス・パーティー
4 盲目の音楽家と三女との出会い
5 婚約、若い医師の見立て
6 金の工面
7 名医の治療
8 包帯を取る日

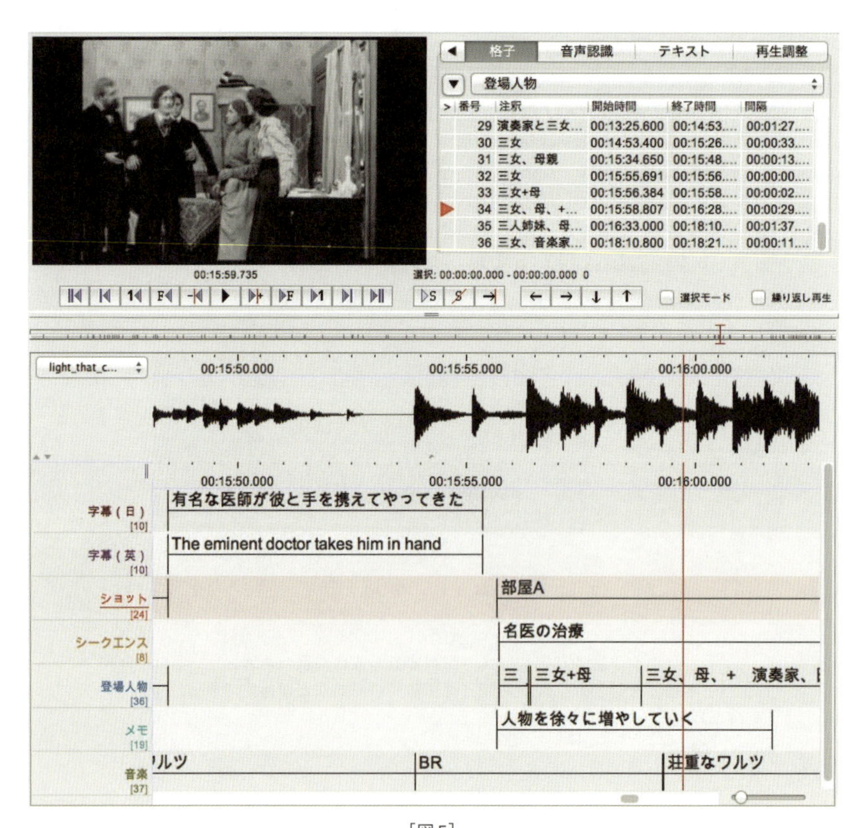

［図5］
層を作り、注釈を入力し終わったところ。

次に、ショットの層を作って、一つ一つのショットの注釈を作っていきます。カットの入っている箇所に注意しながら注釈範囲を正確に作っておくと、あとで量的分析をするときに役に立ちます。『光は来たれり』は先に述べたように、一つのショットがそのまま1シーンに対応するよう撮られており、合計24のショット＝シーンから構成されていました。

こうした既存の映画の時間単位とは別に、そのつど思いついたことを入力するメモの層も作っておきます。これは先のMonaco (2009) の指摘を意識してのことです。

メモをとっていくうちに、この作劇では登場人物の出入りが物語解釈の鍵になっていることがわかってきました。そこで「登場人物」の層を追加することにします。また、伴奏音楽についても分析したいので、「音楽」の層を作ります。

以上の層を作成して注釈を入れた結果が図5です。

2.3. テロップ・ツールで複数の層を表示する

ツール群の **[テロップ]** は、その名の通り字幕 (テロップ) 表示としても使えますが、もう一つ重要な機能は、複数の層を同時に表示できることです。いくつの層を表示するかは **[編集]** → **[環境設定]** → **[環境設定の編集]** から「Viewers」を選びます。ここに「テロップ Number of Subtitle viewers」という項目があるので、表示したい数を選びます。ここでは5として、「適用」をクリックしましょう。変更したテロップ数はELANを再起動したあと有効になります。

次にツール群から **[テロップ]** を選びます。五つのテロップが表示されるので、それぞれ層を選んでいきます。ここでは上から、シークエンス、ショット、登場人物、メモ、音楽を表示させます。すると、図6のように、再生しながら複数の層の内容がどのように変化していくかを確認することができます。このような再生を行うだけでも、映像を見るだけでは気づきにくかった変化に気づくことができます。

2.4. ショットの統計をとる

作品全体のショットをすべて層に入力し終わったら、**[表示]** → **[注釈の**

［図6］
テロップ・ツールに分析のための層を複数表示させたところ。
現在再生中の箇所がどのような性質を持っているかがリアルタイムで表示される。

統計］を見てみましょう（詳しい使い方は第6章2節を参照）。先にも述べたようにこの映画は1ショット1シーンで、部屋A、部屋B、ボールルーム1、ボールルーム2の4種類に分類できます。

表1を見ると、全24ショットの内訳には偏りがあり、明らかに部屋Aのショット数が多く、時間も全体の56%を占めています。このことから、部屋Aが各ショットから戻ってくるためのホームポジションとなっていることがうかがえます。また、中央値に比べて最短、最長時間に幅があることから、この部屋のショットは他のショットよりバラエティに富んでいることがわかります。

一方ショット時間の中央値を見ると、4種類の間であまり差がなく、ほぼ30秒前後になっていることから、これくらいの時間幅が映画の基調になっていることもわかります。

［表1］
「注釈の統計」を用いたショット分析の結果

ショット	頻度	最短（秒）	最長（秒）	中央値（秒）	比率(%)
ボールルーム1	4	4.25	72	26.85	11.6
ボールルーム2	3	10.1	43.7	32.9	7.7
部屋A	11	4.5	178.1	32.9	56.0
部屋B	6	6.9	45	27.05	14.9

もちろん、こうした量的分析はあくまで各ショットの内容に分け入っていくためのきっかけに過ぎませんが、どのショットが突出しているかを知る一つの目安になるでしょう。

2.5. ショット間の関係を見る

次にこの映画で24のショットがどんな風に連鎖しているかを「格子ツール」で一覧してみましょう。ツール群の**［格子］**を選ぶと<select a tier>という表示が出るので、そこをクリックしてショット層を選びます。

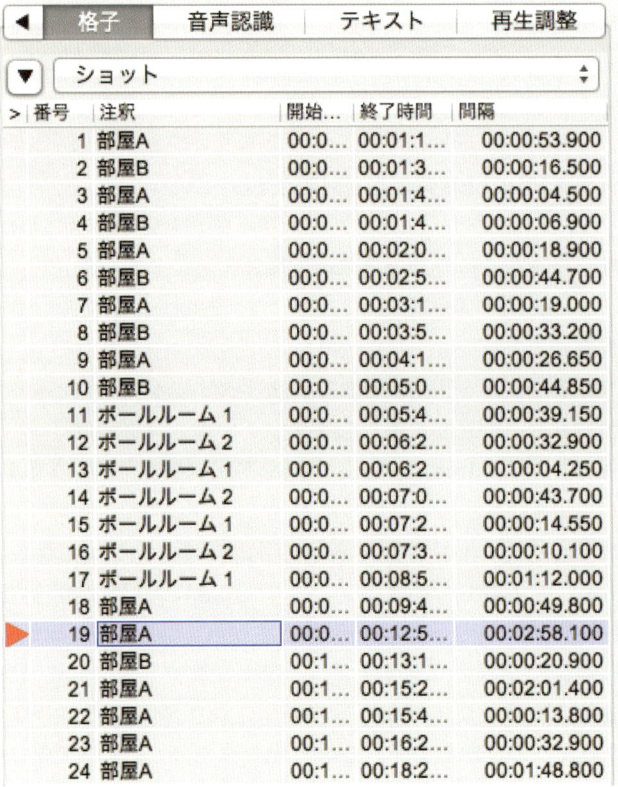

◀ 格子 音声認識 テキスト 再生調整

▼ ショット

>	番号	注釈	開始...	終了時間	間隔
	1	部屋A	00:0...	00:01:1...	00:00:53.900
	2	部屋B	00:0...	00:01:3...	00:00:16.500
	3	部屋A	00:0...	00:01:4...	00:00:04.500
	4	部屋B	00:0...	00:01:4...	00:00:06.900
	5	部屋A	00:0...	00:02:0...	00:00:18.900
	6	部屋B	00:0...	00:02:5...	00:00:44.700
	7	部屋A	00:0...	00:03:1...	00:00:19.000
	8	部屋B	00:0...	00:03:5...	00:00:33.200
	9	部屋A	00:0...	00:04:1...	00:00:26.650
	10	部屋B	00:0...	00:05:0...	00:00:44.850
	11	ボールルーム 1	00:0...	00:05:4...	00:00:39.150
	12	ボールルーム 2	00:0...	00:06:2...	00:00:32.900
	13	ボールルーム 1	00:0...	00:06:2...	00:00:04.250
	14	ボールルーム 2	00:0...	00:07:0...	00:00:43.700
	15	ボールルーム 1	00:0...	00:07:2...	00:00:14.550
	16	ボールルーム 2	00:0...	00:07:3...	00:00:10.100
	17	ボールルーム 1	00:0...	00:08:5...	00:01:12.000
	18	部屋A	00:0...	00:09:4...	00:00:49.800
▶	19	部屋A	00:0...	00:12:5...	00:02:58.100
	20	部屋B	00:1...	00:13:1...	00:00:20.900
	21	部屋A	00:1...	00:15:2...	00:02:01.400
	22	部屋A	00:1...	00:15:4...	00:00:13.800
	23	部屋A	00:1...	00:16:2...	00:00:32.900
	24	部屋A	00:1...	00:18:2...	00:01:48.800

［図7］
格子ツールでショット層を一覧したところ。

図7は、ショット層を格子ツールで一覧したところです。ショットの並び方と各ショットの長さ（間隔）を見ると、グリフィスは前半の1–10と、中盤のボールルームのシークエンス群に続く後半の18–24とで、明らかにショットの性質を変えていることがわかります。前半では部屋AとBとを短いショットで交替させているのに対し、後半では部屋Aを主な舞台として設定し、ショット19、21、24のような長いショットを多用しています。前半の三姉妹を対比させる部分では短く交替するショットの連鎖を見せておいて、後半の三女と演奏家との関係を主軸にした部分では長いショットによって俳優の演技をたっぷり見せる演出を行っていることが、この格子ツールのショットの並びからも浮かび上がってきます。

ここでは格子ツールを使いましたが、ショットが大量にある場合は、タブ区切り形式でファイルを保存して、それを表計算ソフトで読み込んでから全体を見通すのがよいでしょう。

2.6. フィルムストリップと音声波形を対照させる

ELANの出力形式には「フィルムストリップ」という便利なものがあります。これは、指定したコマ数おきに時間軸に沿って静止画像を出力してくれるもので、しかも音声波形を並べて表示できるので、論文やプレゼンテーションに役立ちます。

フィルムストリップを出力するには、まずタイムライン・ビューアで出力したい注釈、もしくは範囲を選択します。そのあと**［ファイル］→［別ファイル形式で保存］→［Filmstrip Image］**を選択すると、図8のような出力オプションが表示されます。各コマの横幅（Video frame width）、何コマおきに出力するか（Video frames to include）、時刻表示を各画像に入れるかどうか（Show time code in each frame）を入力していきます。何コマおきに表示するかを決める際、そもそももとの動画のフレームレートがいくらかを知りたくなるでしょう。これを知るには、ELANのビデオ・ビューア上で右クリックして**［プレーヤーの情報］**を選びます。いくつか情報が表示されますが、「フレーム率」とあるのが1秒あたりのコマ数です。この「光は来たれり」のMOVファイルは1秒あたり24コマ（24fps）なので、12コマおきに（1秒あたり2コマで）表示することにしましょう。

Export filmstrip and waveform

Export filmstrip and waveform

Video frames
Video frame width 320
Video frames to include:
every frame
every n-th frame 12
Show time code in each frame

Waveform
Include waveform
タイムラインを表示
Waveform height 160
ステレオのチャンネル
切り離す
波形を統合する
波形を重ねる

OK 閉じる

［図8］
［ファイル］→［別ファイル形式で保存］→［Filmstrip Image］を選択したところ。上部はコマ表示オプション（各静止画像のサイズ、何コマごとに静止画像を表示するか、時刻表示をするか）、下部は音声波形表示オプション（音声波形を表示するか、時間軸を表示するかなど）。

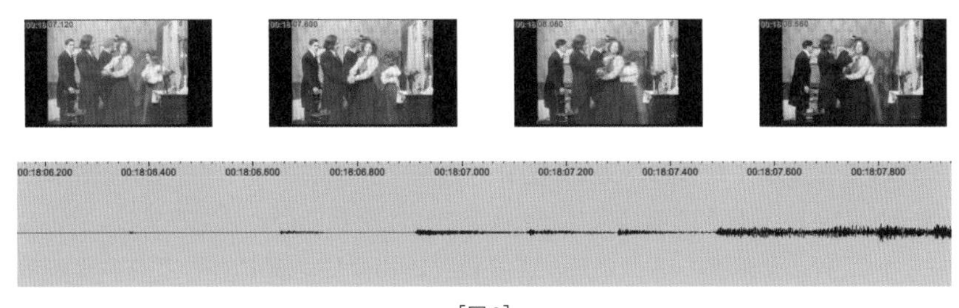

［図9］
Filmstrip Imageの出力結果

図9はフィルムストリップを出力した結果です。視力の戻った音楽家が初めて三女を目で見て、彼女の右頬に手を添えるショットを、上記で設定した通り、1秒2コマで示しています。音声波形を一緒に出力してみると、伴奏ピアニストは、右頬に触れようとする音楽家に対する三女の逡巡から受容への身振り変化に沿うようにピアノの単音を徐々に音量をあげて演奏していることがよくわかります。

2.7. ショットの内部を分析する

ここまでは主にショット単位で分析を行ってきましたが、映画の細部に分け入るにはショットの内部を見ていく必要があります。

ショットの内部で起こっているさまざまなできごとを発見するには、これまでとは異なる層を作ってみるのも一つの手です。たとえば、『光は来たれり』の後半では、つい主役である三女や音楽家の動きや配置に注意が向きがちですが、あえて、長女・次女・母親・若い医師・医師などの注釈層を個別に作って動きを追うならば、グリフィスの演出に関してさまざまな発見ができるでしょう。

実際に各人物別に層を作って動きを検討していくと、クライマックスの三女と音楽家の抱擁の背景で、グリフィスは背景の人物たちにさまざまな演技をさせていることがわかります（図10下）。まず、医師は長女と次女を促して、彼女たちを舞台下手に退場させます。次に医師と若い医師とが握手を交わし、若い医師も下手へ退場します。すると、これまで壁際にいたために人物たちの影に隠れていた母親の姿が現れます。

ここで、興味深い演出が行われています。三女の右頬にキスをした音楽家は、いったん抱擁を解いて少し離れたあと再び抱き合うのですが、この抱擁を解いた一瞬、彼らの間に、医師と母親の顔が映し出されるのです。

このことを示すために、2.6.で紹介したフィルムストリップ出力の結果とELANのウィンドウ画面の保存（第3章2節参照）を組み合わせてみましょう（図10上）。三女と音楽家のドラマチックな視覚的出会いが演じられているその後ろで、わずか十数秒の間に登場人物たちを周到に退場させられており、残った医師と母親が、ちょうど抱擁を解いた二人の間に収まるよう配置されていく過程が、よくわかります（図10A）。大人である医師と母親は、若い二人の抱

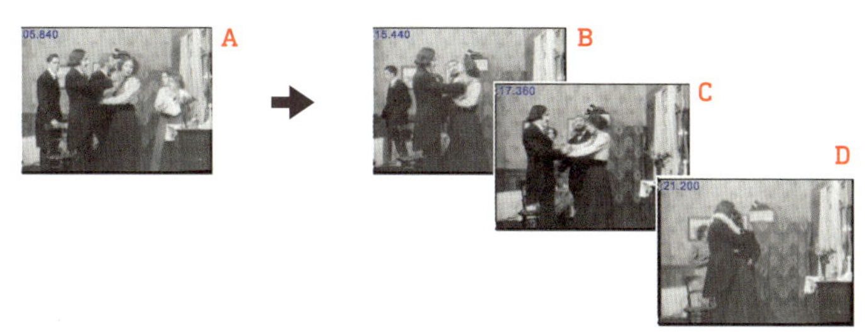

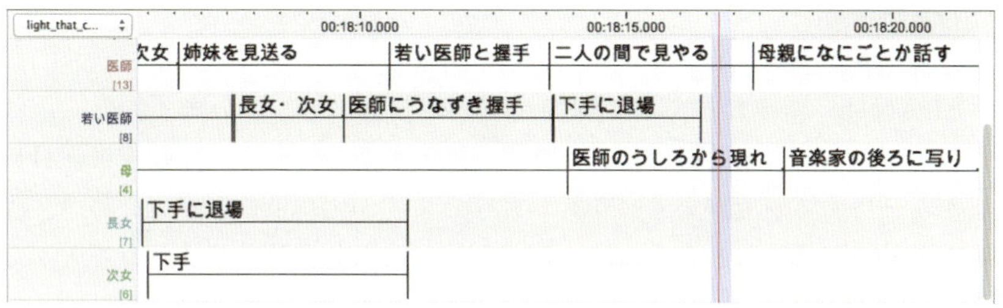

［図10］
フィルムストリップ出力の結果を［ELANのウィンドウ画像を保存］で保存してから加工したもの。三女と音楽家が抱擁を二度行っている間に、長女と次女が退場し（A→B）、さらに若い医師が退場（B→C）する。一方、三女と音楽家が一度めの抱擁を解いて体が離れたとき、ちょうど二人の間に医師と母親が写り込む（C）。

擁を文字通り「後見」する人となっているのです。

このショット内部の演出は、映画全体にとってどのような意味を持っているでしょうか。グリフィスが、二人を支えるもう一組の大人の存在を強調していることは明らかです。ここで、わたしたちは、この映画でなぜか、父親の不在が説明されていないことに気づきます。一方、ショットは、医師が母親の横に並んで、父親の位置を占めていることをさまざまな形で強調しています。

医師は、世代から世代へと、母と父という対が受け継がれていくことを示すべく、この場に父の代役として立たされたのかもしれません。あるいは、医師はこの家族に、今後実際に父親代わりの後見人として関わっていくのかもしれません。いずれにせよ重要なのは、この医師のような脇役の立ち位置にいたるまで、グリフィスが周到に演出していることです。そして、ELANによる分析はこうしたさりげない細部に分析者を誘ってくれるのです。

3 音楽分析

音声波形を見ながら注釈を入れることのできるELANは、音楽の分析にも適しています。特に、合奏のように、パートごとにいくつもの注釈が必要となる場合には威力を発揮するでしょう。

楽譜に基づくスコア・リーディングや作品分析と異なり、ELANでは実際の音声に基づいて分析を行います。従って、ELANによる分析は、楽譜の読解というよりは、パフォーマンスの分析になっていくでしょう。

ELANは、音声だけでなく映像を用いた分析に適しています。たとえば、ジェスチャー研究の分野では、指揮者や演奏者間の関係を身体動作に注目しながら分析する研究がいくつか行われていますが（Haviland 2007、丸山 2007）、演奏中の映像が得られる場合には、ELANでこうした動作分析を行うことができるでしょう。

もう一つ、おもしろい使い方は、音楽を録音しながら譜面を録画し、それをELANで分析する方法です。まず、分析したい音楽を再生しながら、楽譜の該当箇所をカメラで撮影していき（譜面を追ったりめくったりしながら撮影するには少し練習を要しますが）、撮影した映像をELANに取り込みます。こうすると、映像にはスコアが映し出されるので、音声波形がおおよそどのあたりを示しているのか判別しやすくなり、しかも紙のスコアと首引きで分析する必要がな

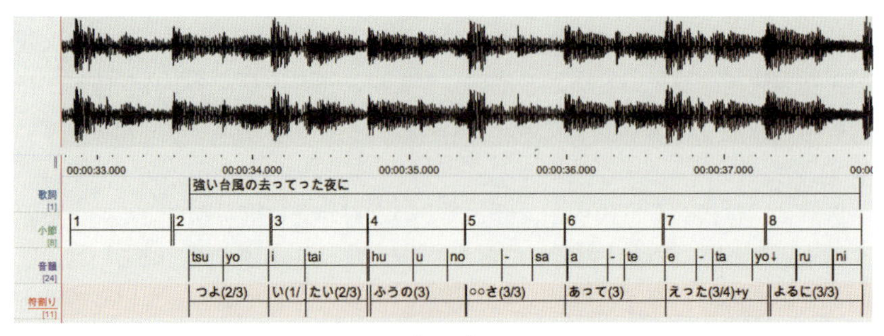

［図11］
細馬（2014）がクラムボンの「Folklore」（作詞・作曲：mito）における原田郁子の歌唱を記述した際に用いたELANの画面。演奏の打ち出すリズムに対して歌のリズムは一節ごとに微細に揺らされていることがわかる。

くなるので一石二鳥です。

ELANはもともと音声言語や手話言語の分析用に開発されているので、歌の分析に特に適しています。単なる歌詞の内容分析だけでなく、歌詞の音韻や歌い手の発声に分け入った分析が可能になるでしょう（図11）。その際、Praatと連動させれば、音韻分析の精度をさらに上げることができます（第11章参照）。

本章のまとめ

- **映画分析を始めるには**

  目次代わりにシークエンスの層を作り、次にショットの層を作る。
  カメラ・ワークやフレーミングに関する層を分けて作ってもよい。

- **字幕を作るには**

  字幕の層を作って台詞ごとに注釈を入力してから、ツール群の［**テロップ**］を選び、表示する。字幕内容と開始時刻、終了時刻を［**ファイル**］→［**別ファイル形式で保存**］→［**タブ区切り文書ファイルで...**］で保存することができる。

- **映画分析を詳しく行うには**

  テロップ・ツール、統計、格子ツールなどを駆使する。
  各人物の動き別に層を作るなど、さまざまな層を試す。

- **映画分析のプレゼンテーションには**

  ［**ファイル**］→［**別ファイル形式で保存**］→［**Filmstrip Image...**］を使うと便利。

- **音楽分析には**

  ELANは実際の演奏や音声に基づくパフォーマンスの分析に向いている。音楽を録音しながら譜面を録画することで、スコアを見ながら演奏分析が可能。

付録

付録1

キーボード・ショートカット

ELANはわかりやすいインターフェースを持っているためマウスやトラックパッドでも充分に操作することができますが、豊富なキーボード・ショートカット（キーバインド）を利用し、キーボードだけを使って各種作業を進めることも可能です。

ショートカットは基本的な操作以外にも非常にたくさん用意されていますが、基本的なものを覚えるだけでも、注釈付与作業とメディア再生とをコントロールすることができるようになります。例えば再生モードを「選択モード」に切り替え（Ctrl + K）、1フレームずつ進めながら手の動作を特定の範囲で選択し（Ctrl +← or →）、層を選択して（Ctrl + ↑ or ↓）、新規注釈を作成（Alt + N）する、といったように、キーボード上から手を動かすことなく注釈の作成をスムーズに行えます。キーボードでの操作はあくまでも選択肢の一つですが、慣れてしまえば作業効率が爆発的に向上します。再生と停止をするためだけにマウスに手を伸ばすのは面倒だな、と思い始めたら頃合いです。ぜひチャレンジしてみてください。

Mac版の場合はOS側で設定されているショートカットとELANで設定されているショートカットが重複してしまっていることが多いので注意が必要です。ELAN側のショートカット設定を変更する／無効化する場合は、メニュー・バーから **[編集]** → **[環境設定]** → **[Edit Shortcuts...]** と進み、目的の操作を探して編集します。OS側のショートカット設定を変更する／無効化するには、**[システム環境設定]** → **[キーボード]** → **[ショートカット]** と進み、チェックボックスからチェックを外すか別のキーを割り当ててください。

以下にWindows用の一般的なキー配列、Mac用の一般的なキー配列の画像を載せています。よく使用することになるキーには枠をつけて強調してあります。

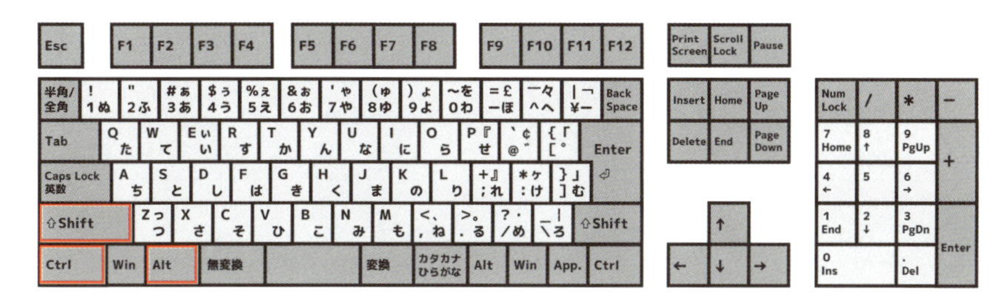

一般的なWindows用のキーボード配列（日本語）

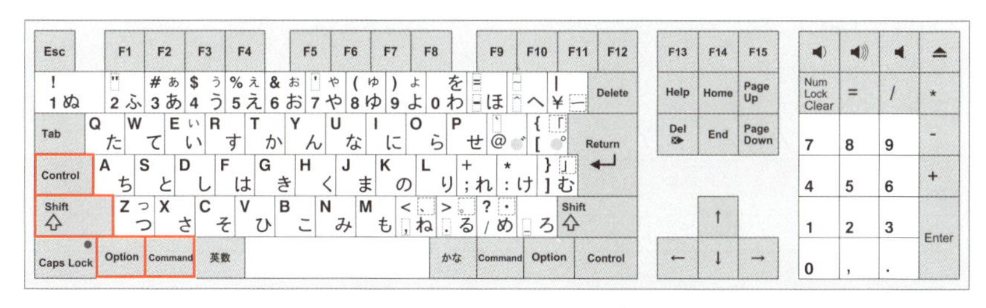

一般的なMac用のキーボード配列（日本語）

覚えておくと便利なキーボード・ショートカットの一覧

次のページにELANで使うショートカットの一覧をまとめました。Macユーザーは Altキーを Optionキーに、Ctrlキーを Command(⌘) キーに読み替えて見て下さい。注釈モードで使われることになるショートカットキーが中心で、他のモード（トランスクリプションモードやセグメンテーションモードなど）とは異なる場合があります。キーの変更は任意にすることができるので、慣れてきたら自分の好みに合わせて変更しましょう。

全般

新規eafファイルの作成	Ctrl＋N
ファイルの保存	Ctrl＋S（関連：自動バックアップ機能[1]）
選択モードのトグル	Ctrl＋K（再生した箇所を選択するモード）
ループモードのトグル	Ctrl＋L（選択区間の再生を繰り返すモード）
操作を一つ前に戻す	Ctrl＋Z
操作を一つ先に進める	Ctrl＋Y

メディアの再生

クロスヘアの位置から再生	Ctrl＋Space
選択部分を再生	Ctrl＋Shift＋Space
選択部分の周辺を再生	Shift＋Space（前後に1秒ほど拡張して再生される）

タイムライン・ビューアでの各種移動

● クロスヘアの位置移動	
1秒前に戻る or 後ろに進む	Shift＋← or →
1フレーム前に戻る or 後に進む	Ctrl＋← or →
1ピクセル前に戻る or 後ろに進む	Ctrl＋Shift＋← or →
選択部分の先頭に戻る or 最後に進む	Ctrl＋/（一回押すごとに切り替え）
● 注釈間・層間の移動	
次の or 前の注釈に移動	Alt＋← or →
上の or 下の層に移動	Ctrl＋↑ or ↓

層の編集

新規に層を追加	Ctrl＋T

注釈の編集

選択された区間に注釈を新規作成	Alt＋N
選択された注釈の内容修正	Alt＋M
選択された注釈の削除	Alt＋D
選択された注釈のコピー	Ctrl＋C（コピーできるのは注釈内容、層の名前、開始時刻、終了時刻の四つの情報）
注釈の貼り付け	Ctrl＋V
ここに注釈を貼り付ける（注釈をクロスヘアの位置に貼り付ける）	Ctrl＋Shift＋V

注

1　ELANには編集中のファイルを自動保存する機能があります。画面上部の「ファイル」メニュー内に「自動バックアップ」という項目があり、保存間隔を指定できます。事故による作業消失を避けるためにも設定しておくとよいでしょう。

付録2

トランスクリプトを再検討する

会話分析のトランスクリプトで重要なのは、オーバーラップと沈黙を正しく表記することです。ELANの「旧来の記録文書形式で保存」は第3章2節で述べたように、トランスクリプトの原型を作るのに役立ちますが、オーバーラップと沈黙に関してはまだ不完全です。ここでは、これらを正確に記す方法について述べます。

なお、ここに記すテクニックは、後で述べるように発話と動作のどこが同期しているかを知るときにも役に立ちます。

1 オーバーラップ部分を正確に特定する

ELANでサンプルムービーの書き起こしをして、旧来の記録文書形式で保存した結果、以下のようになりました。しかし、ELANのもとの画面をよく

```
01 A    .h
02 A    あたしこれできなhいhんだよh
03 A    .h
04 C    ばち::hん
05 C    っていったねいま
06 B    おうあれ::
07 A    ねえ
08 A    すごいね:
            (0.2)
09 A    (あ)hたhしh
            (0.2)
10 A    ぜんできない
            (0.8)
```

[図1]
ELANによって出力されたトランスクリプト例

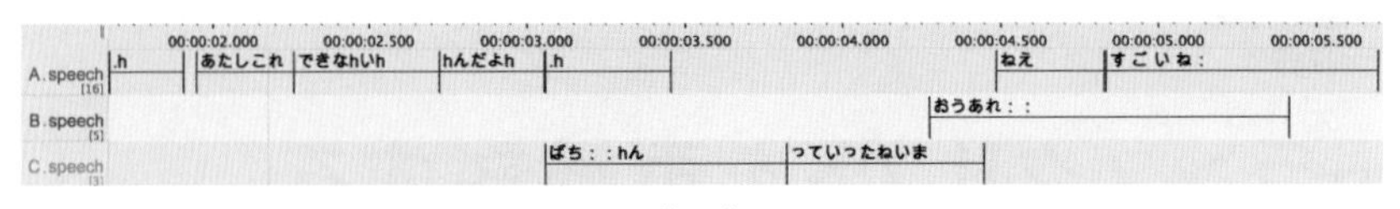

［図2］
ELAN上に記述されたA、B、Cの会話内容（一部）

見てみると、3行目と4行目、5行目と6行目、6行目と7行目と8行目にはそれぞれオーバーラップが見られます。

問題は、それぞれのオーバーラップが、正確には単語のどの音で重なっているかです。そんな細かいことはどうでもよいではないか、という人もいるかもしれませんが、これを割り出すことで、ことばの音韻単位の微細なコミュニケーションが明らかになることがあるので、会話分析や動作分析では必須の記述です。

では、ELANを使ってどこかどうオーバーラップしているのかを詳しく見ていきましょう。ここでは、5、6行目のB、Cのオーバーラップ部分を明らかにしていきます。

基本的な作業は以下の通りです。

【オーバーラップ部分を明らかにする】

❶タイムライン・ビューア上で先行発話（ここではCの発話）のオーバーラップ直前の部分を選択する（図3）。
❷選択再生して、発話のどの部分までが再生されるか耳を澄ます。ここではCの「っていったねい」までがきこえることが判る。つまり、続く「ま」の部分以降がオーバーラップしていることになる。
❸次に、次発話（ここではBの発話）のオーバーラップ直後の部分を選択する（図3）。Bの発話のうち「うあれ：」がきこえる。つまり、「おうあれ」の「お」の部分がオーバーラップしていることになる。
❹念のため、オーバーラップ部分だけを選択して再生して確かめる。
❺トランスクリプトを書き換える。5、6行目は図5のように書き換えられる。

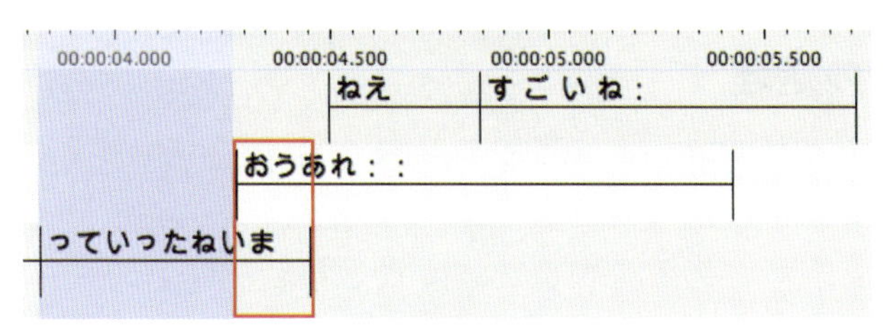

［図3］
オーバーラップ部分(四角枠)の直前を選択する。

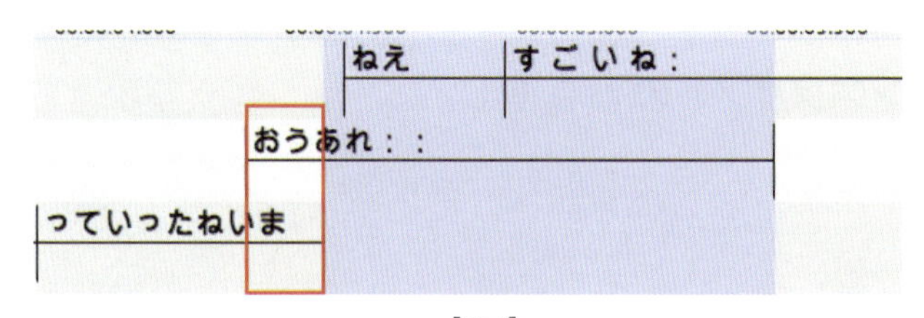

［図4］
オーバーラップ部分(四角枠)の直後を選択する。

C　　　=っていったねい[ま]
B　　　　　　　　　　　[お]うあれ::

［図5］
オーバーラップをELAN上で検討した後のトランスクリプト(一部)

手間はかかりますが、オーバーラップ部分の一つ一つについてこの作業を繰り返します。

一つのオーバーラップ部分について、直前、直後、オーバーラップ部分の三つをそれぞれ選択再生するテクニックは、会話分析以外のさまざまな場面で使えます。たとえば、発話に伴って動作が起こっているように見えるときに、発話と動作のどの部分がオーバーラップしているかを詳しく見ることで、二つの異なるモダリティがどう関係しているかを考えるヒントが得られるでしょう。

2 沈黙の処理

会話分析では、発話間の間がコンマ1秒未満の場合は沈黙として扱わず連続した発話として扱うことが多いようです。また、一つの発話内で起こるコンマ1秒以上コンマ3秒未満の間は、短い間と考えて「(.)」という記号で表します。

図1の例で言えば、三つの沈黙のうち二つの「(0.2)」は「(.)」に書き換えるか、改行として扱うのがよいでしょう。

3 トランスクリプトの書き直し

以上を考慮に入れてトランスクリプトを書き直すと、図6のようになります。

```
01A    .hあたしこれできなhいhんだよh[.h      ]
02C                                [ばち:]:hん
       っていったねい[ま ]
03B                  [お][うあ][れ::   ]
04A                        [ねえ][すごいね]:
05A    (あ) hたhしh(.)ぜんできない
06       (0.8)
```

[図6]
ELANで検討後、図1を書き直した結果。

付録3

映像を用いたマルチモーダルな研究の歴史

ELANは誰でもダウンロードでき、分野や研究者、アマチュアの垣根を越えて、広く使うことのできるソフトウェアです。この本ではできるだけ広い読者を想定してもっぱらELANの使い方に絞って紹介していきました。しかし一方で、ELANのような書き起こしソフトウェアがどのような研究史を背景として登場してきたのかについて興味を持つ読者もいるでしょう。ここでは、これまでの映像を用いた人間行動の研究史をざっと振り返るとともに、ELANの開発経緯について触れておきます。

1 映像を用いた動作研究の始まり

パソコンによる動画再生という環境が、映像と音声を分析する者にとっていかに夢のようなものであるかを想像するのは、それが当たり前になった現在では難しいかもしれません。

かつて、刻々と変化する人間の身体動作や表情の研究に魅了されたさまざまな研究者は映画のフィルムを使って研究を行っていました。フィルムは16mmで1巻3分から長いものでも48分、現在のようにメモリや バッテリーの続く限り長時間カメラを回し続けるということはありえませんでした。撮影したフィルムをすぐに見ることはもちろんできず、何日かして現像から返ってきたものを改めてスクリーン、もしくはムヴィオラと言われるフィルム編集機で見て、ようやく何が起こっているかを確認できたのです。その現像されたフィルムを手回しで送ってはコマ番号を記し、メモを取り、考えを練るというのが、研究者のルーティーン・ワークでした。

図版を作るのもたいへんでした。フランツ・ボアズの弟子であり、ニューヨークの都市生活者のジェスチャーを人種間で比較したデイヴィッド・エフロンはこうした映像研究の先駆者ですが、彼の「ジェスチャーと環境」(Efron

1941）には手の軌跡が詳細に記されています。その方法はこんな風でした。「1秒あたり16ないし64コマで撮影されたフィルムを、方眼紙に投射した。運動に使われる身体部位、たとえば手首、肘、頭などの位置を、一コマずつ紙に映してはマークした。これらを合わせると、なめらかなジェスチャーの動きが得られた」。

エフロンと同じ頃、『精神の生態学』の著者グレゴリー・ベイトソンと社会学者のマーガレット・ミードは、バリ島をフィールドとして連続写真を用いて人々の一瞬の表情変化を捉えた研究を行っていますが（Bateson & Mead 1942）、一方で、「トランスとダンス」など1930年代の調査映像資料も残しています。彼らの研究もまた、人類学における映像利用の先駆けと言えるでしょう（アメリカ議会図書館サイトを参照。http://www.loc.gov/item/mbrs02425201/）。

2 1950–1980年代

1955年「インタビューの自然誌 The natural history of an interview」というプロジェクトが精神科医フリーダ・フロム・ライヒマンによって立ち上げられました（McQuuow 1971）。これは人類学者のベイトソン、当時動作学を提唱していたレイ・バードウィステル、言語学者のチャールズ・ホケットなど異分野の研究者によって行われた学際的研究で、フィルムと音声を用いた分析を主軸とした研究プロジェクトとしては画期的なものでした。会話内容をトランスクリプトで記し、その時間軸に沿って発話の音韻や動作の細かい特徴を書き加えていくというスタイルは、のちの会話分析におけるトランスクリプションやELANのようなツールの先駆とも言えるものです。ただし、このプロジェクトの報告書は最初のデータ収集から刊行までに十数年を要し、影響は限定的でした。

1960年代末ごろから日常会話の視線や動作、表情に注目する研究が行われるようになってきました。たとえば、アダム・ケンドン（Kendon 1967）やポール・エクマンとウォレス・フリーセン（Ekman & Friesen 1969）、動物行動学から人間研究に転じたアイブル＝アイベスフェルト（Eibl-Eibesfelt 1970/1974）といった人たちが、フィルム映像を用いて次々と言語以外のコミュニケーションに注目する研究を行いました。彼らの影響を受けた諸研究は、のちに「非言語コミュニケーション研究」という一分野を成していきます。

一方、ハーヴェイ・サックス、エマニュエル・シェグロフ、ゲイル・ジェファーソン（たとえばSacks et al.1974など）らによって盛んになってきた会話分析は、オーディオ・テープによる電話の分析から始まったものの、次第に笑いや非言語的な音声など、従来の書き起こしでは見逃されがちだった現象も含めた詳細な記述法を打ち立て、のちの行動研究に大きな影響を与えました。

1970年代にはフィルムだけではなく、ビデオテープを用いた分析も行われるようになり、対面相互行為に関するまとまった研究が行われました（たとえばDuncan & Fiske 1977）。ただし、当時のビデオテープはまだまだ高価なものでした。社会学者アーヴィン・ゴッフマンやハロルド・ガーフィンケルの影響を受け、1980年前後から日常の身体動作に注目した研究を発表してきたチャールズ・グッドウィン（Goodwin 1981）とマジョーリー・グッドウィン（Goodwin & Goodwin 1986）も、最初はフィルムでデータをとり、従来の会話分析と身体動作分析を架橋するような研究を行い始めていました。

1980年代中頃から、携帯しやすい（といってもVHSやβテープを入れるほどの大きさで、重たいバッテリーを伴った）家庭用のビデオカメラが普及し、ビデオテープをメディアとする研究が増えてきました。1980年代後半になるとエスノメソドロジーや情報学を基礎とする、ワークプレイス研究（Luff et al. 2000、水川他 2017を参照）も興り、こうした研究でもビデオが活用されるようになりました。

ただし当時のビデオ画像の質は、フィルムと比べるとかなり劣り、ディテールを分析するのは難しい段階でした。テープメディアのため、頭出しのたびに巻き戻しや早送りをせねばならず、狙った場面にたどりつくにはかなり時間がかかりました。また、何度も一時停止や巻き戻しを繰り返すうちにテープは傷んでますます画像が劣化し、保存のためにコピーをとるときにもノイズが乗りこれもまた劣化の原因となりました。

3 映像のデジタル革命

1990年代に入り、コミュニケーション研究にとって重要な二つの革命が起こりました。QuickTimeという動画形式の開発と、一般向けのデジタルビデオカメラの普及です。デジタル映像によって、劣化を気にすることなくデータのハードコピーを作り、分析すべき場面を繰り返し高画質で見ることができるようになりました。また、QuickTimeと組み合わせることで、撮影した動画をパソコンへ取り込み、操作・加工することが可能になったのです。もっとも、最初はQuickTimeへの変換は単位時間あたりのコマ数が安定しませんでした。当時、アイブル=アイベスフェルトの共同研究者で、映像を用いた非言語コミュニケーション研究で知られるカール・グラマーが1994年に来日していましたが、彼は京都の研究室で一日中、ビデオデータをQuickTime形式に変換しては「何コマか落ちている！」と悩んでいました。

1990年代後半になると、ようやくQuickTimeとビデオのフレームは一対一に対応するようになり、非言語コミュニケーション研究の分野ではもちろん、社会学や人類学、心理学の分野でもデジタル動画によって実際の行動を観察したデータを用いる研究者が増えてきました。日本では山崎敬一がいち早く映像研究の実践的教科書（山崎 2004）を編集しています。

4 トランスクリプション革命

そして第三の革命とも言うべきものが、2000年代に起こりました。映像や音声をリンクできる書き起こし（トランスクリプション）用ソフトウェアの登場です。マイケル・キップの開発した「Anvil」、スウェーデンのKTHで開発されて「WaveSurfer」をはじめ、いくつか有力なソフトが開発されてきましたが、中でも使いやすく、多くの研究環境で用いられているのが、この本で紹介したELANです。

ELANを開発したマックス・プランク心理言語学研究所（MPI）では、1990年代からさまざまな言語データの注釈を映像と結びつけるためのソフトウェア開発を行っていました。最初に開発されたのは「Media Tagger」というソフトで、これは先に述べたQuickTime形式の動画をベースとするMac専用のものでした。これに続いて2002年に発表されたのがELANです(Bohnemeyer et al. 2002)。

マックス・プランク心理言語学研究所という学際的な場所にふさわしく、ELANは広い学問分野で使われることを最初から想定しており、言語学的な開発背景を持つ一方で（12章参照）、レヴィンソンらのセクションでは空間認知と身体研究の分析に用いられ（Johnson & Matsuo 2003）、別のセクションでは手話会話のコーパス作りに使われていました（Enfield et al. 2004）。身体動作の開発者たちによる2004年の論文（Brugman & Russel 2004）のタイトルは、「ELANで付けるマルチメディア／マルチモーダルなリソースへの注釈」であり、特定の分野は指定されていません。ELANはその後、WindowsやMacの度重なるシステムの変化にも対応を重ねていき、いまでは動作も安定して多くの研究者に用いられるスタンダードな分析環境となりました。

5 2010年代

編者（細馬）が個人的に明らかに潮目が変わったと感じたのは2010年の国際会話分析学会（ICCA）です。会話分析研究は、もともと電話による会話の分析からスタートしたこともあって、音声以外の要素に手を出す人はけして多いとは言えませんでした。実際のところ、2000年頃はまだ、会話分析の研究者に同時に起こっている身体動作の重要性を訴えても、ごく限られた人にしか興味を持ってもらえませんでした。わたしは2002年に始まった国際ジェスチャー学会の第一回大会にも参加しましたが、この頃、ジェスチャーと会話の両方に興味を持っている人は少数派でした（後にマルチモダリティ研究の第一人者となったロレンツァ・モンダダはこの頃からジェスチャー学会に参加していました）。ところが、それから8年経った2010年の学会のテーマは「マルチモダリティ」で、グッドウィン夫妻をはじめ、クリスチャン・ヒース（Heath）、モンダダ、ユルゲン・シュトリーク（Streeck）といった、長年発話と身体動作を結びつけて研究してきたベテランが次々とプレナリー・セッションで話し、これまでは音声のみに注目することが多かった会話分析の分野でも、明らかに身体動作によるコミュニケーションが重要視されていることが実感できました。そしてこの頃から、ELANを用いた分析を行っている若手の会話分析研究者を見かけるようになりました。相互行為研究、ワークプレイス研究の分野で長らく活躍してきたヒースらがビデオ分析の教科書を出版したのもこの頃です（Heath et al. 2010）。

この頃から日本でも、手話研究者やジェスチャー研究者の間で次第にELANユーザーは増えてきました。わたし自身は、2009年に日本語版の簡単な入門サイトをつくり、2012年には社会言語科学会でELAN講習会を主催しましたが、最近では研究会のプレゼンテーションでELANの画面を見かけることも珍しくなくなりました。

6 動作分析の時代へ

2019年現在、身体動作やマルチモダリティの研究は、コミュニケーション研究者だけでなく、心理学、人類学、社会学、あるいは情報学やロボティクスなど多くの分野で活発に行われています。試みにGoogle Scholarで「Body Movement」を検索すると、ヒットする論文数は2000年の2260件から2015年には10200件と数倍にふくれあがっています。より汎用性が高い語の「language」で検索すると、57700件から39100件に減少していますから、身体動作をタイトルにした論文は明らかに増加していると言えるでしょう。

国内でも、動作の時間構造に注目しながら、その変化が持っているコミュニケーション上の問題に取り組んでいる研究者が次第に増えてきました。

動作の時間構造を基盤に研究するときの難点は、データ分析に時間がかかることです。動作分析では、文字通り「箸の上げ下ろし」まで細かくコーディングを行います。複数の参与者が行う動作の一つ一つを綿密にデータ化していくことは簡単ではありません。

幸い、ELANはこの垣根をかなり低くしてくれます。本書に書かれたさまざまなインターフェースによって、コーディングの手間はかなり軽減され、映像を見ながらアイディアを出していく楽しみも増えました。層と注釈を手軽に作って映像と音声に結びつけることを重視した設計は、探索的なデータ分析と量的分析の両方に道を開くもので、使い方さえマスターすれば、幅広いジャンルの研究者にとって多様な研究のプラットフォームとなるものです。

この本では、基礎的な使い方から質的／量的研究への応用まで、多種多様な話題を扱っています。この機会に、より多くの人にELANの便利さと魅力を知っていただき、研究に役立てていただければと思います。

あとがき

『ELAN入門』、いかがだったでしょうか。ELANが映像・音声を扱うための強力なツールであることを実感していただけたことと思います。

日本語でELANについて解説した記事は、わたしたち編者のものも含めていくつかありますが、入門書としてまとまったものは、おそらく本書が初めてです。英語圏では、マックス・プランク心理言語学研究所の公式マニュアルやユーザーガイドの他、カリフォルニア大学バークレー校やメルボルン大学、ペンシルバニア大学の言語学系研究室などが簡便なイントロダクションを作成して公開しています。いずれもスタートアップに役立つ基本機能の解説に力が注がれていますが、本書はそれらと比べても、かなり充実した内容であると自負しています。

本書の企画は、2012年に開講された社会言語科学会の夏期講習会を下敷きとして、2014年に立ち上がりました。当時、すでに国内外の学会・研究会でELANを用いたプレゼンテーションや分析を目にする機会が増えてきており、その有用性には注目が集まっていました。しかしどう使えばよいのか、何に応用できるのかについての体系的・網羅的な情報源が少なく、「どこから手をつければいいのかわからない」「自分のやりたいことと関係がありそうなのだが、何をどうすればよいのか」といった声があちこちから聞こえてくる状況でした。本書の執筆者の多くはそこに講師として参加していたメンバーです。わたしたちはこの講習を通して、ユーザーがどこでつまずきやすいかを知っただけでなく、そもそも分析を研究にのせていくためにデータをどう切り分ければよいか、その背景には分析に対するどのような考え方があるのかを再検討する必要を感じました。そこで、基本的な説明をユーザーの立場から考える一方で、量的・質的分析の手続きをELANを通して捉え直すことになりました。その結果、本書はELANの使用法のみならず、実際の研究手続きについてもかなり具体的なイメージを持っていただける内容になったのではないかと思っています。

映像・音声を資料とする作業や研究は今後も発展していくでしょう。そしてELANがその展開に非常に大きな影響を与えうる強力なツールであることは本書で解説してきた通りです。本書を手に取ってくださった皆さんが、ELANを活用してそれぞれの研究を発展させてくださることを願っています。

最後に、このソフトウェアを開発し、日々メンテナンスに力を注いでくれているマックス・プランク心理言語学研究所、そして開発者の方々に心から感謝します。

2019年5月
細馬宏通・菊地浩平

参考文献

Austin, P. K. (2010). Current issues in language documentation. In P. K. Austin (Ed.) *Language Documentation and Description*, 7, pp. 12–33. London: SOAS.

Bakeman, R., & Quera V. (2011). *Sequential Analysis and Observational Methods for the Behavioral Sciences*. New York: Cambridge University Press.

Bateman, J. A., & Schmidt, K (2012). *Multimodal Film Analysis: How Films Mean* (Routledge Studies in Multimodality). London: Routledge.

Bateson, G., & Mead, M. (1942). *Balinese Character: A Photographic Analysis*. New York: Academy of Sciences.

Bavelas, J. B., Chovil, N., Lawrie, D. A., & Wade, A. (1992). Interactive gestures. *Discourse Process*, 15, pp. 469–489.

Bohnemeyer, J., Kelly, A., & Abdel Rahman, R. (2002). *Max-Planck-Institute for Psycholinguistics: Annual Report 2002*. Nijmegen: MPI for Psycholinguistics.

Brugman, H., & Russel, A. (2004). Annotating Multi-media/ Multi-modal resources with ELAN. In Proceedings of LREC 2004, Fourth International Conference on Language Resources and Evaluation.

Cooper J.O, Heron T.E, & Heward W.L. (2007). *Applied Behavior Analysis* (2nd ed.). Upper Saddle River, New Jersey: Pearson.

Duncan Jr. S., & Fiske, D. W. (1977). *Face-to-face Interaction: Research, Methods, and Theory*. New Jersey: Lawrence Erlbaum Associates.

Efron, D. (1941). *Gesture and Environment*. Oxford: King'S Crown Press.

Eibl-Eibesfeldt, I. (1970/1974). *Liebe und Haß. Zur Naturgeschichte elementarer Verhaltensweisen*. Munich: R. Piper & Co. Verlag.（アイブル・アイベスフェルト（1986）. 日高敏隆・久保和彦訳『愛と憎しみ—人間の基本的行動様式とその自然誌』みすず書房）

Ekman, P., & Friesen, W. V. (1969). The repertoire of nonverbal behavior: categories, origins, usage, and coding. *Semiotica*, 1(1), pp. 49–98.

Enfield, N., Kelly, A., & Sprenger, S. (2004). *Max-Planck-Institute for Psycholinguistics: Annual Report 2004*. Nijmegen: MPI for Psycholinguistics.

榎本美香・伝康晴（2011）.「話し手の視線の向け先は次話者になるか」『社会言語科学』, 14(1), pp. 97–109.

Fleiss, J. L. (1981). *Statistical Methods for Rates and Proportions* (2nd ed.) . New York: John Wiley.

Goodwin, C. (1981). *Conversational Organization: Interaction Between Speakers and Hearers*. New York: Academic Press.

Goodwin, M. H., & Goodwin, C. (1986). Gesture and coparticipation in the activity of searching for a word. *Semiotica*, 62(1-2), pp. 51–75.

Gottman, J. M., & Porterfield, A. L. (1981). Communicative competence in the nonverbal behavior of married couples. *Journal of Marriage and the Family*, 43 (4), pp. 817–824.

Haviland, J. B. (2007). Master speakers, master gesturers: a string quartet master class. In S. D. Duncan, J. Cassell, & E. T. Levy (Eds.) *Gesture and the Dynamic Dimension of Language: Essays in honor of David McNeill*. (pp. 147–172.) Amsterdam/Philadelphia: John Benjamins Publish-

ing Company.
Heath, C. (1986). *Body Movement and Speech in Medical Interaction.* Cambridge: Cambridge University Press.
Heath, C., Hindmarch, J., & Luff, P. (2010). *Video in Qualitative Research: Analyzing Social Interaction in Everyday Life.* London: Sage.
Himmelmann, N. P. (2006). Language documentation: What is it and what is it good for? In J. Gippert, N. P. Himmelmann, & U. Mosel (Eds.) *Essentials of Language Documentation* (Trends in Linguistics. Studies and Monographs, 178). (pp. 1–30.) Berlin: Mouton de Gruyter.
平倉圭（2010).『ゴダール的方法』インスクリプト.
細馬宏通（2014).「歌と言い伝え」『ユリイカ』, pp. 146–151. 青土社.
五十嵐陽介（2015).「韻律情報」小磯花絵（編）『講座　日本語コーパス3：話し言葉コーパス―設計と構築―』pp. 81–100.
Johnson, E.,& Matsuo, A. (2003). *Max-Planck-Institute for Psycholinguistics: Annual Report 2003.* Nijmegen: MPI for Psycholinguistics.
Johnston, J. M., Pennypacker, H. S., & Green, G.(2010). *Strategies and Tactics of Behavioral Research* (Third Edition). New York: Routledge.
梶茂樹（2002).「アフリカにおける危機言語問題―はたしてクラウス説は当てはまるか」『Conference Handbook on Endangered Languages』, pp. 105–113. 環太平洋の「消滅に瀕した言語」にかんする緊急調査研究事務局.
Kendon, A. (1967). Some functions of gaze direction in social interaction. *Acta Psychologica*, 26, pp. 22–63.
Kendon, A. (1975). Gesticulation, speech and the gesture theory of language origins. *Sign Language Studies*,9, pp. 349–373. [Reprinted in a revised form as Gesticulation and speech: Two aspects of utterance In W. Stokoe, (Ed.), (1980). *Sign and Culture: A Reader for Students of American Sign Language.* Silver Spring, Maryland: Linstok Press.]
Kendon, A. (2004). *Gesture: Visible Action as Utterance*. Cambridge: Cambridge University Press.
Kimoto, Y. (2017). Documenting language use: Remarks on some theoretical and technical issues for language documenters. *Asian and African Languages and Linguistics*, 11, pp. 79–94.
北原真冬・田嶋圭一・田中邦佳（2017).『音声学を学ぶ人のためのPraat入門』ひつじ書房.
Knapp, M. L., Hall, J. A., & Horgan, T. G. (2014). *Nonverbal Communication in Human Interaction* (Eighth Edition). Boston: Wadsworth.
Krauss, M. E. (1992). The world's languages in crisis. *Language* ,68 (1), pp.4–10.
Lerner, G. H. (2003). Selecting next speaker: The context-sensitive operation of a context-free organization. *Language in Society*, 32(2), pp. 177–201.
Levitt, H. M., Bamberg, M., Creswell, J. W., Frost, D. M., Josselson, R., & Su árez-Orozco, C. (2018). Journal article reporting standards for qualitative primary, qualitative meta-analytic, and mixed methods research in psychology: The APA Publications and Communications Board task force report. *American Psychologist*, 73(1), pp. 26–46.
Luff, P., Hindmarsh, J., & Heath, C. (Eds.) (2000). *Workplace Studies: Recovering Work Practice and Informing Systems Design*. Cambridge: Cambridge University Press.
Madeo, R. C. B., Peres, S. M., & Lima, C. A. de M. (2016) . Gesture phase segmentation using support vector machines. *Expert Systems with Applications*, 56, pp. 100–115.
Manusov, V. (Ed.) (2005). *The Sourcebook of Nonverbal Measures: Going Beyond Words*. Mahwah, New Jersey: Lawrence Erlbaum Associates.

Martin,P., & Bateson,P. (2007). *Measuring Behaviour: An Introductory Guide*. Cambridge: Cambridge University Press.

McNeill, D. (1992). *Hand and Mind: What Gestures Reveal about Thought*. Chicago: University of Chicago Press.

McNeill, D. (2005). *Gesture and Thought*. Chicago: University of Chicago Press.

丸山慎（2007).「小特集―修辞の認知科学　音楽を修辞する身体の技法―演奏家の身振りと表現に関する事例的検討」『認知科学』, 14(4), pp. 471–493.

McQuown, N. A.(1971). *The Natural History of an Interview*. Chicago: University of Chicago Library.

水川喜文・秋谷直矩・五十嵐素子（編)(2017).『ワークプレイス・スタディーズ―はたらくことのエスノメソドロジー』ハーベスト社.

Monaco, J. (2009). *How to Read a Film: Movies, Media, and Beyond* (Fourth edition). Oxford University Press.（モナコ・ジェームズ（1977／1983）岩本憲児他訳『映画の教科書―どのように映画を読むか』フィルムアート社）

Morris, D. (1979). *Gestures, their Origins and Distribution*. New York: Stein & Day Pub.（デズモンド・モリス（2004）多田道太郎・奥野卓司訳『ジェスチュア―しぐさの西洋文化』筑摩書房.

Novack, M., & Goldin-Meadow, S. (2017). Gesture as representational action: A paper about function. *Psychonomic Bulletin and Review*, 24, pp. 652–665.

大名力（2012).『言語研究のための正規表現によるコーパス検索』ひつじ書房.

Ramseyer, F., & Tschacher, W. (2011). Nonverbal synchrony in psychotherapy: Coordinated body-movement reflects relationship quality and outcome. *Journal of Consulting and Clinical Psychology*, 79(3), pp. 284–295.

Riffe, D., Lacy, S., & Fico, F. G. (2013). *Analyzing Media Messages: Using Quantitative Content Analysis in Research* (Third Edition). Mahwah: Lawrence Erlbaum Associates.

Sacks, H., & Schegloff, E. A. (2002). Home Position. *Gesture*, 2, pp. 133–146.

Sacks, H., Schegloff, E. A., & Jefferson, G. (1974). A simplest systematics for the organisation of turn-taking for conversation. *Language* ,50, pp. 696–735.

Tsironi, E., Barros, P., Weber, C., & Wermter, S. (2017). An analysis of Convolutional Long Short-Term Memory Recurrent Neural Networks for gesture recognition. *Neurocomputing*, 268, pp. 76–86.

山崎敬一（編)(2004).『実践エスノメソドロジー入門』有斐閣.

索引

A-Z

あ

か

さ

た

は

執筆者紹介

編者

細馬宏通（ほそま ひろみち）

[1・2・3・4・5・6・7・8・9・14・15章、付録2・3]

京都大学大学院理学研究科博士課程修了（博士（理学））。
早稲田大学文学学術院文化構想学部教授、滋賀県立大学名誉教授。

（主著）『二つの「この世界の片隅に」─マンガ、アニメーションの声と動作』（青土社、2017）、『介護するからだ』（医学書院、2016）、『ミッキーはなぜ口笛を吹くのか─アニメーションの表現史』（新潮社、2013）他。

編者

菊地浩平（きくち こうへい）

[2・4・13章、付録1]

千葉大学大学院社会文化科学研究科博士課程修了（博士（学術））。
筑波技術大学産業技術学部助教。

（主著）「通訳者の参与地位をめぐる手続き─手話通訳者の事例から」『コミュニケーションを枠づける─参与・関与の不均衡と多様性』（くろしお出版、2017）、「相互行為としての手話通訳活動─通訳者を介した順番開始のための聞き手獲得手続きの分析」（共著、『認知科学』22（1)、2015）、「相互行為における手話発話を記述するためのアノテーション手法および文字化手法の提案」（共著、『手話学研究』22、2013）他。

榎本美香（えのもと みか）

[10章]

千葉大学大学院自然科学研究科博士課程修了（博士（学術））。
東京工科大学メディア学部准教授。

（主著）「フィールドに出た言語行為論―「指令」の事前条件達成における相互行為性・同時並行性・状況依存性」（共著、『認知科学』22（2）、2015）、『マルチモーダルインタラクション（メディア学体系 4）』（共著、コロナ社、2013）、「話し手の視線の向け先は次話者になるか」（共著、『社会言語科学』14（1）、2011）他。

伝康晴（でん やすはる）

[11章]

京都大学大学院工学研究科博士後期課程研究指導認定退学（博士（工学））。
千葉大学大学院人文科学研究院教授。

（主著）『シリーズ 文と発話 第1巻–第3巻』（共編著、ひつじ書房、2005–2008）、『講座社会言語科学 第6巻―方法』（共編著、ひつじ書房、2006）、『談話と対話』（共著、東京大学出版会、2001）他。

木本幸憲（きもと ゆきのり）

[12章]

京都大学大学院人間・環境学研究科博士後期課程修了（博士（人間・環境学））。
兵庫県立大学環境人間学部講師。

（主著）Mora, vowel length, and diachrony: The case of Arta, a Philippine negrito language (*Journal of Southeast Asian Linguistic Society Special Publication No. 1.* 2017)、Documenting language use: Remarks on some theoretical and technical issues for language documenters (*Asian and African Languages and Linguistics*, 11, 2017)、「照応現象と限定詞―間接照応をめぐる一考察」『言語の創発と身体性―山梨正明教授退官記念論文集』（ひつじ書房、2013）他。

ELAN 入門—言語学・行動学からメディア研究まで

ELAN for Beginners: Introduction to Multimodal Approach in Linguistics, Behavioral Research, Media Study

Edited by Hosoma Hiromichi and Kikuchi Kouhei

発行	2019 年 6 月 11 日　初版 1 刷
定価	2400 円 + 税
編者	© 細馬宏通・菊地浩平
発行者	松本功
ブックデザイン	大崎善治
印刷・製本所	株式会社 シナノ
発行所	株式会社 ひつじ書房
	〒 112-0011 東京都文京区千石 2-1-2　大和ビル 2 階
	Tel.03-5319-4916　Fax.03-5319-4917
	郵便振替 00120-8-142852
	toiawase@hituzi.co.jp　http://www.hituzi.co.jp/

ISBN978-4-89476-765-2

R で学ぶ日本語テキストマイニング

石田基広・小林雄一郎著　定価 2,600 円＋税

言語研究のための正規表現によるコーパス検索

大名力著　定価 2,800 円＋税

音声学を学ぶ人のための Praat 入門

北原真冬・田嶋圭一・田中邦佳著　定価 2,400 円 + 税